室内设计配色手册

赵元 编著

中国传统色的应用

U0385254

化学工业出版社

·北京·

内容简介

本书精选了88种经典的中国传统色，通过近400幅室内设计案例，巧妙地展现了传统色彩的艺术价值和在现代空间中的创新应用。本书不仅解析了每种色彩的文化内涵，更提供了CMYK色值及配色比例，方便读者实际操作。

本书旨在帮助室内设计师掌握传统色彩的运用技巧，实现传统与现代的完美融合，创造兼具时代感与文化底蕴的室内空间作品。本书适合艺术设计专业的师生阅读，也可为从事室内设计的工作人员和要装修的业主提供参考。

图书在版编目（CIP）数据
室内设计配色手册：中国传统色的应用/赵元编著.
北京：化学工业出版社，2024.7. -- ISBN 978-7-122-46161-2
I. TU238.23-62
中国国家版本馆CIP数据核字第2024R4E479号

责任编辑：王　斌　吕梦瑶　　文字编辑：刘　璐
责任校对：刘　一　　装帧设计：韩　飞

出版发行：化学工业出版社
（北京市东城区青年湖南街13号　邮政编码100011）
印　　装：北京宝隆世纪印刷有限公司
710mm×1000mm　1/16　印张15　字数300千字
2025年1月北京第1版第1次印刷

购书咨询：010-64518888　　售后服务：010-64518899
网　　址：http://www.cip.com.cn
凡购买本书，如有缺损质量问题，本社销售中心负责调换。

定　　价：98.00元

前 言
PREFACE

中国，这片孕育了无数璀璨文化瑰宝的古老土地，其深厚的历史底蕴亦在色彩中得以体现。色彩，作为视觉艺术的核心要素，承载着丰富的民族情感和文化内涵。无论是古代宫廷建筑的富丽堂皇，还是民间日常用品的朴素实用，从华美的丝绸到精致的瓷器，中国传统色都以其独特的魅力，绘制出一幅幅绚烂多彩的画卷。

本书致力于梳理与归纳88种具有代表性的中国传统色色名，每一种色彩均源自经典，有据可查。这些色名，如月白之纯净、铜绿之古朴、朱红之热烈，不仅诗意盎然，更蕴藏着深厚的文化底蕴。本书深入探究这些传统色彩，将其与中国传统绘画、器物、织物等艺术形式相匹配，旨在展现这些传统色彩在历史长河中的演变轨迹与传承脉络。

同时，本书精选了近400幅室内设计案例，巧妙地将中国传统色融入现代室内空间。通过这些生动实例，读者能够深刻地领略到中国传统色的独特魅力及其在现代设计中的应用价值。无论是追求简约的现代风格，还是钟爱典雅的中式风情，中国传统色都能为室内空间增添一分独特的韵味与气质。

为方便读者在实际操作中轻松运用这些色彩，本书还提供了详尽的CMYK色值及配色比例。读者可根据自身需求与喜好，轻松套用这些配色方案，拓宽配色设计的思路与灵感。通过阅读本书，读者不仅能够深入了解中国传统色的文化内涵与艺术价值，更能掌握其在实际设计中的运用技巧，为现代室内设计注入更多文化气息与艺术魅力。

目录 | CONTENTS

大气、浓郁的东方之色

和煦、温暖的浓郁之色

权威、尊贵的皇家之色

丰富、微妙的自然之色

清爽、怡人的雅致之色

神秘、稀有的尊贵之色

舒适、沉静的质朴之色

纯洁、干净的高洁之色

威严、庄重的高贵之色

吉祥、明艳的富贵之色

中国人尚红，这种色彩甚至可以被视为国人的文化符号。在中国传统文化中，红色代表着炽热的太阳，也是民族团结的象征，具有任何一种色彩均无法撼动的地位。在中国民间传统风俗中，凡是在节庆、好事发生的时刻均能找到红色系颜色的身影。从古至今，这一抹红色，将东方之美的大气磅礴展现到极致。

红色系

大气、浓郁的东方之色

来源："赤"最早见于甲骨文，字形结构从"人（或大）"、从"火"，近似一种人在篝火旁被火焰照得浑身通红的色泽；另一种解释是"大火"谓之赤。

解析：赤红色是传统的"五方正色"审美色彩理论中的五种正色之一，是一种非常明亮的正红色，色彩纯度较高，给人以亮丽、鲜艳之感。一般来说，赤红色的色泽过于刺激，不太适合在室内设计中大面积使用，但有些家居环境为了营造艺术氛围，会将此颜色作为墙面背景色。

中国传统画中的赤红色

宋代 苏汉臣　　　台北故宫博物院藏
货郎图（局部）

赤红色在家居空间中的运用

1

○ C0 M Y0 K0　　● C37 M99 Y98 K3
● C53 M88 Y90 K32　● C34 M41 Y33 K0
● C82 M63 Y35 K0

与同相色搭配： 赤红色的玄关柜在白色的空间中非常亮眼，墙面装饰画选择了与这一色彩同色系的曙红色与灰红色，丰富了空间的配色层次。

2

● C78 M55 Y17 K0　　○ C0 M0 Y0 K0
● C34 M100 Y100 K2　● C54 M55 Y60 K2
● C0 M0 Y0 K100

与对比色搭配： 蓝色传统纹样的壁纸与青花瓷装饰瓶形成呼应，营造了空间的中式风情。红色装饰柜与空间中的蓝色拉开了色彩层次，形成了鲜明的配色印象。

3

● C16 M19 Y23 K0　● C44 M100 Y100 K13
● C25 M31 Y46 K0　● C85 M81 Y64 K42

作为点缀色： 在具有多元化中国元素的居室中，一抹赤红色的出现无疑十分吸引眼球，也令居室的中式风情更显浓郁。

4

○ C0 M0 Y0 K0　　● C38 M98 Y100 K4
● C0 M0 Y0 K100

作为背景色： 将赤红色作为卫生间墙面的背景色，迅速吸引了人们的注意力。再用大面积白色中和这一色彩的刺激感，令卫生间更加适合日常使用。少量黑色的出现，则使整体配色更显稳定。

朱槿色

C40
M87
Y99
K5

来源: 朱槿色来源于朱槿花的颜色,自古,此色便为文人墨客所钟爱,用以比喻好的美丽容颜,可媲美胭脂。此外,朱槿花汁还可用于食物染色。

解析: 朱槿色属于亮丽的红色,且带有少量橙色的属性。由于朱槿色带有暖调特征,因此适合作为光线较弱空间的背景色;也可以作为室内的主角色,营造视觉焦点。

中国传统画中的朱槿色

唐代 周昉
簪花仕女图(新版画芯)
(局部)

辽宁省博物馆藏

朱槿色在家居空间中的运用

① ● C71 M54 Y80 K13 ● C37 M84 Y100 K2
○ C0 M0 Y0 K0

与互补色搭配: 将朱槿色用于顶面,将墨绿色运用在墙面,红绿两色对比,营造出具有强烈艺术氛围的家居环境。

② ● C64 M58 Y56 K5 ● C40 M91 Y100 K5
● C0 M0 Y0 K100

作为点缀色: 卫浴间干区的面积不大,将中灰色作为背景色大面积使用,再用少量的朱槿色做点缀,带来低调且有活力的气息,使空间具有现代感。

③ ○ C0 M0 Y0 K0 ● C10 M79 Y85 K0
● C36 M25 Y34 K0 ● C0 M0 Y0 K100

作为主角色: 朱槿色的吊柜与白色的地柜形成了鲜明对比,同时中间墙面的浅灰绿色起到了缓和作用,使整个空间显得更加和谐。少量黑色点缀则增强了整个空间的层次感和质感。

④ ● C21 M80 Y78 K0 ● C43 M92 Y92 K20
● C24 M20 Y16 K0

作为背景色: 以纯度较高的朱槿色作为墙面背景色可以提升空间的活力,降低了纯度的红色座椅与之形成色彩呼应,重复配色的手法使空间的整体性更强。

朱红色

C33
M80
Y90
K0

来源：朱红色是用一种不透明的朱砂调制而成的，在古代就已被广泛使用。例如，在清代，皇帝使用朱砂笔批改文书，也称为朱批。由于最纯正的朱砂出自中国，因此又称中国红。

解析：这是一种介乎于红色和橙色之间的色彩，且带有少量黑色，给人温暖且低调的色彩印象。在室内色彩搭配中，可根据需要选择使用的面积比例，一般来说使用限制并不大。

中国传统画中的朱红色

清代 宫廷画家　　　　　　故宫博物院藏
万国来朝图（局部）

朱红色在家居空间中的运用

1

○ C0 M0 Y0 K0　　　　　● C35 M26 Y22 K0
● C43 M82 Y82 K7　　　● C63 M74 Y81 K36
● C77 M58 Y18 K0　　　● C65 M42 Y31 K0

与对比色搭配：客厅以白色为主色调，营造出明亮、简洁的空间氛围。浅灰色的沙发与主色白色相呼应，使整个空间更加和谐统一。朱红色出现在了单人坐凳和地毯上，通过和地毯中不同色调的蓝色产生对比，为空间增添了一抹亮丽色彩，同时也增强了整个空间的配色趣味性。

2

● C35 M77 Y82 K0　　　● C35 M33 Y36 K0
○ C0 M0 Y0 K0

作为背景色：相对于纯正的红色，朱红色的刺激感有所降低，空间的品质得以展现，搭配同样具有高级感的灰色可以塑造出一个考究、精致的卫浴间。

3

○ C0 M0 Y0 K0　　　　　● C42 M78 Y84 K9
● C95 M71 Y62 K30

作为点缀色：玄关的面积不大，因此用白色作为主色调，以营造明亮之感。另外，由于玄关没有直接采光点，故用玻璃和木条作为隔断的材质，少量的朱红色出现在隔断中，为玄关空间带来了色彩上的层次感。

4

● C38 M83 Y83 K0　　　● C56 M65 Y75 K14
○ C0 M0 Y0 K0　　　　　● C45 M56 Y72 K1

与同相色搭配：该卧室的色彩搭配以暖色调为主，朱红色的床巾营造出温馨、热情的氛围，与木色地面形成了自然、和谐的对比。少量金色的点缀则增强了整个空间的质感。

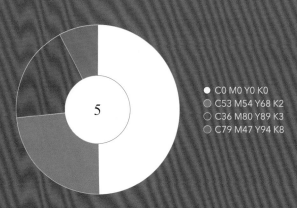

- ○ C0 M0 Y0 K0
- ○ C53 M54 Y68 K2
- ○ C36 M80 Y89 K3
- ○ C79 M47 Y94 K8

作为主角色：餐厅墙面为白色，地板为木色，奠定了整洁、温馨的空间氛围。朱红色的餐椅无疑是空间中的点睛之笔，不仅与岛台中的翠绿色形成色彩对比，也与客厅中的红色书架形成了色彩呼应。

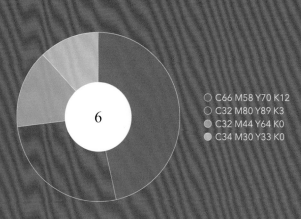

- ○ C66 M58 Y70 K12
- ○ C32 M80 Y89 K3
- ● C32 M44 Y64 K0
- ● C34 M30 Y33 K0

与互补色搭配：休闲吧台区以灰绿色为主色调，营造出一种自然、清新的氛围。朱红色的墙体则起到了分隔空间的作用，同时也为整个区域增添了一抹亮丽色彩，使其更加突出和引人注目。

珊瑚红色

C46
M89
Y85
K12

来源: 珊瑚红色是来自天然珊瑚中的色彩。同时,珊瑚红釉也是清代康熙时期创烧的低温釉,盛行于康雍乾三代。虽然颜色、明度与矾红釉相似,但其釉面更显光洁莹润,而矾红釉的表面呈亚光状。

解析: 珊瑚红色饱满娇艳,红中闪黄,给人的色彩印象十分明艳。这一色彩非常适合在家居空间中作为点缀色使用,仅需少量用笔,就能大幅提升空间的色彩魅力。

瓷器中的珊瑚红色

清代道光 　　　　　　　故宫博物院藏
珊瑚红地白梅花纹盖碗

珊瑚红色在家居空间中的运用

1

○ C0 M0 Y0 K0 　　● C46 M90 Y87 K13
● C0 M0 Y0 K100 　● C31 M58 Y100 K0
● C76 M28 Y18 K0

作为主角色: 在这个角落中,白色作为主色调,赋予了整个空间明亮、简洁的氛围。少量黑色的点缀巧妙地提升了空间的层次感和质感。而珊瑚红色的单人座椅则成为整个空间的视觉焦点,为其增添了一抹亮丽而引人注目的色彩元素。

2

○ C0 M0 Y0 K0 　　● C18 M27 Y37 K0
● C0 M0 Y0 K100 　● C31 M90 Y93 K22

作为点缀色: 黑色和木色相间的橱柜稳定中不失轻快感,大面积的白色通透、明亮,为厨房带来清爽气息。若空间只有这三种色彩,难免平淡,因此在墙面加入了珊瑚红色的墙砖,不仅能带来视觉上的变化,也能令空间显得精美。

3

○ C0 M0 Y0 K0 　　● C82 M28 Y24 K0
● C29 M88 Y79 K23 ● C51 M62 Y66 K4

与对比色搭配: 餐厅以白色作为大面积的背景色,主角色、配角色,以及点缀色均选择了红蓝两色进行搭配,对比色的搭配方式,带来鲜艳、夺目的视觉感受,为空间注入了年轻、具有活力的气息。

绯红色

C48
M96
Y89
K21

来源："绯"字的"绞丝旁"暗示了其与织染相关的特点，绯红色专指染织或服饰中的正红色。另外，鉴于赤红色的"正色"地位，绯红色在古代服饰中同属等级较高的颜色。绯衣即是正统的、经过赏赐才能穿的衣服。

解析：绯红色是一种红中带蓝的色彩，由于冷色的参与，这一色彩在温暖的色彩属性中多了一分理性的思考。在室内空间的色彩搭配中，更适合营造大气的氛围。

中国传统画中的绯红色

元代 赵孟頫　　　　故宫博物院藏
人骑图（局部）

绯红色在家居空间中的运用

1
C5 M4 Y6 K0　　　　C30 M42 Y52 K0
C44 M100 Y92 K13　　C71 M49 Y72 K6
C14 M22 Y63 K0

作为主角色：饱和度较高的绯红色与翠绿色搭配，可以获得令人惊艳的配色效果。再加上夸张的软装图案，整个客厅空间体现出浓厚的艺术氛围。

2
C41 M47 Y71 K0　　　C40 M96 Y90 K16
C52 M78 Y86 K22　　　C0 M0 Y0 K100

类似色搭配：绯红色是十分适合营造中式家居氛围的色彩，典雅、庄严中透出火热的激情。搭配同样厚重的褐色系颜色，有一种浑然天成之感。将两种色彩运用到家居空间中可以营造出大气、庄严的氛围。

3
C0 M0 Y0 K0　　　　C63 M73 Y88 K39
C71 M76 Y79 K49　　　C82 M69 Y51 K11
C43 M39 Y46 K0　　　C47 M88 Y74 K14

作为点缀色：以白色作为客厅主色，家具和部分墙面采用暖褐色与深褐色两种类似的颜色，营造出具有稳定感的空间氛围。再用少量的绯红色做点缀，增强空间配色的层次感。

祭红色

C52
M89
Y80
K25

来源： 祭红色是一种来源于高温颜色釉的色彩，其别名繁多，有霁红、鸡红、宝石红等。明代收藏家项元汴曾在《历代名瓷图谱》中说："祭红，其色艳若朱霞，真万代名瓷之首冠也。"

解析： 祭红色是一种红中透紫，色泽透亮而温润的色彩。这一色彩既保留了红色的热烈感，又带有紫色的高贵感，是非常适合营造高品质居室氛围的颜色。

瓷器中的祭红色

明代宣德
祭红釉碗

台北故宫博物院藏

祭红色在家居空间中的运用

1
- C26 M22 Y17 K0
- C48 M36 Y51 K0
- C50 M80 Y62 K9
- C45 M49 Y59 K0

与互补色搭配： 以灰色和灰绿色为主色调的墙面壁纸，给人以沉稳、自然的感觉。地毯色彩同样为灰绿色，与壁纸色彩相呼应，增强了空间的整体感。而祭红色的单人沙发则成为整个空间的亮点，为空间增添了一分活力和个性。

2
- C100 M100 Y55 K26
- C47 M93 Y93 K27
- C0 M0 Y0 K0
- C68 M68 Y70 K25
- C40 M62 Y92 K12
- C76 M59 Y92 K28

作为主角色： 将深色调的蓝色应用于墙面，奠定了深邃又沉静的空间基调。再与祭红色进行搭配，玄关中的活力被激发出来，令原本有些冷硬的空间变得生动起来。

3
- C54 M96 Y86 K39
- C65 M98 Y81 K61
- C0 M0 Y0 K100

作为背景色： 暗色调的祭红色若在空间中大面积使用，会带来一种强烈的戏剧性，比较适合营造具有艺术化需求的空间，不太适用于表达温馨、舒适的大众化家居。

4
- C32 M25 Y25 K0
- C20 M35 Y47 K0
- C0 M0 Y0 K100
- C46 M96 Y87 K30
- C0 M0 Y0 K0

作为点缀色： 楼梯空间的整体配色简洁、大气，以无彩色系颜色为主。祭红色的矮凳是楼梯角落中最亮丽的一抹色彩，令原本色彩单一的空间有了视觉焦点。

苏枋色

C57
M76
Y63
K15

来源： 苏枋也称作"苏木""苏芳"。早在西晋年间，苏枋就作为染红色的原料，从今天的柬埔寨、老挝、泰国一带传入中国。

解析： 这是一种带有大量紫色调和灰色调的红色，色彩沉郁。在室内设计中，若大面积使用，可以营造出空间的尊贵气息。

中国传统服饰中的苏枋色

北宋 苏汉臣   台北故宫博物院藏
五瑞图

苏枋色在家居空间中的运用

(1)　● C57 M78 Y70 K22　○ C0 M0 Y0 K0
　　● C72 M65 Y62 K17　● C47 M47 Y47 K0

作为背景色： 苏枋色被大面积运用在餐厅的背景墙和顶面之中，营造了空间的艺术氛围。墙面上以蒙娜丽莎为原型的艺术装饰画，在色彩上与苏枋色进行了呼应，令整体空间的配色显得更加和谐。

(2)　● C66 M57 Y51 K2　● C0 M0 Y0 K100
　　○ C0 M0 Y0 K0　　● C51 M78 Y60 K7
　　● C47 M46 Y57 K0

作为点缀色： 餐厅背景色和主角色以白色、灰色和黑色为主，由于灰色和黑色占比较多，因此整个空间显得比较沉稳。装饰画中的苏枋色与装饰花艺形成了色彩呼应，为空间增添了一抹亮色。

(3)　● C55 M45 Y43 K0　○ C0 M0 Y0 K0
　　● C61 M57 Y59 K4　● C58 M82 Y63 K19

作为点缀色： 在卧室的配色中，苏枋色被大量运用在软装之中，如在抱枕、床巾，以及地毯中均能找到其身影。由于苏枋色中带有灰色调的属性，因此在以灰色为主色的空间，显得既和谐，又游刃有余。

(4)　● C62 M77 Y71 K30　○ C15 M18 Y19 K0
　　● C52 M68 Y62 K5　● C52 M60 Y85 K8
　　● C0 M0 Y0 K100

与同相色搭配： 苏枋色的背景墙以绝对的面积优势营造了空间的艺术氛围。床头凳与飘窗台面运用了与苏枋色同色系、不同色调的灰红色，与墙面的苏枋色既有呼应，又有色彩搭配上的变化。

来源： 樱桃红色因近似娇艳欲滴的樱桃而得名，色泽娇俏，惹人喜爱。樱桃红色的衣裙在民风开放的唐代，深受年轻女子的喜爱，象征着甜蜜与幸福。

解析： 樱桃红色属于比较明亮的红色，但会带有一些暗粉色的属性，明艳中透着含蓄的美感。在室内设计中，樱桃红色非常适合用于营造女性氛围的居室。

中国传统画中的樱桃红色

唐代 张萱　　　　　　辽宁省博物院藏
虢国夫人游春图
（旧版画芯）（局部）

樱桃红色在家居空间中的运用

① ○ C0 M0 Y0 K0　　● C32 M29 Y32 K0
　 ● C37 M41 Y47 K0　● C36 M74 Y50 K5

作为点缀色： 白色、灰色和浅木色作为客厅的背景色，既和谐、自然，又干净、温和。而局部用樱桃红色的窗帘进行点缀，令原本平静的空间出现了活跃的元素，让空间具有灵动性。

② ● C32 M75 Y60 K0　● C22 M31 Y34 K0
　 ○ C0 M0 Y0 K0　　● C0 M0 Y0 K100

作为主角色： 樱桃红色的橱柜成为厨房中最引人注目的色彩，令人观之愉悦，也奠定了厨房的唯美基调。为了凸显樱桃红色的主角地位，背景色用的都是比较淡雅的色彩。

③ ● C32 M71 Y53 K0　● C29 M34 Y39 K0
　 ● C0 M0 Y0 K100　○ C0 M0 Y0 K0

作为背景色： 将樱桃红色作为餐厅墙面背景色，给人十分明艳的空间印象。为了避免空间配色过于抢眼，用木色和黑色的餐桌椅来稳定色彩。

豇豆红色

C44
M64
Y47
K0

来源: 豇豆红色俗称"美人醉",因其颜色类似豇豆,故命名为豇豆红色。豇豆红色的颜色淡雅,不如郎窑红色、祭红色般热烈,又比矾红色、珊瑚红色淡雅,是一种偏粉的红色,似三月桃花让人如痴如醉。

解析: 豇豆红色可以看作一种灰粉色,自带高级感。在室内设计中,可大面积运用于墙面,以增强空间的女性化气息。

瓷器中的豇豆红色

清代康熙
豇豆红釉菊瓣瓶

故宫博物院藏

豇豆红色在家居空间中的运用

①
- ○ C0 M0 Y0 K0
- ● C30 M22 Y20 K0
- ● C41 M56 Y78 K4
- ● C42 M85 Y99 K27
- ● C42 M76 Y62 K8

作为点缀色: 墙面的灰色花纹壁纸彰显了玄关的高级感。褐色的地面带来温暖的视觉感受,中和了一部分灰色的冷硬感。再用豇豆红色与金色搭配的换鞋凳来调整空间配色,打造出一个精致的空间。

②
- ○ C7 M3 Y5 K0
- ● C34 M55 Y40 K0
- ● C49 M90 Y76 K16
- ● C12 M73 Y100 K0
- ● C71 M77 Y77 K49
- ● C87 M84 Y82 K72
- ● C39 M37 Y73 K0

与同相色搭配: 将豇豆红色作为墙面背景色使用,再用同色系的绯红色做搭配,令客厅的配色统一中富有变化。亮橙色的加入,仿佛一道暖阳射入室内,令整个空间都变得明亮起来。由于空间中暖色占比较大,因此顶面和地面色彩采用了无彩色系的颜色,压制了过多暖色带来的刺激感,令居室既能体现艺术氛围,又十分宜居。

③
- ○ C0 M0 Y0 K0
- ● C44 M67 Y49 K0
- ● C58 M43 Y76 K1
- ● C60 M39 Y53 K0

与互补色搭配: 客厅的背景色为白色,显得简洁明亮,豇豆红色的沙发则为空间增添了一抹亮丽的色彩。不同明度的绿色点缀其中,与豇豆红色形成了鲜明对比,同时也与白色背景相得益彰,营造出一种清新、自然的氛围。

④
- ● C31 M33 Y42 K0
- ● C44 M67 Y49 K0
- ● C88 M67 Y8 K0
- ● C0 M0 Y0 K100

与对比色搭配: 木色橱柜给人以自然、温暖的感觉,豇豆红色和宝蓝色的"闯入",打破了厨房原本静谧的气息,令整个空间呈现出强烈的艺术氛围。

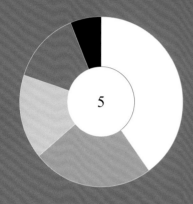

- C0 M0 Y0 K0
- C40 M36 Y33 K0
- C21 M17 Y18 K0
- C47 M62 Y46 K0
- C0 M0 Y0 K100

作为背景色： 客厅中用豇豆红色作为背景色，再搭配不同明度的灰色，可以营造出既高级又浪漫的空间氛围。

绛红色
C55
M93
Y100
K44

来源：绛红色即酱红色。东汉许慎在《说文解字》中写道："绛，大赤也。"另外，绛红色作为服饰色彩，在唐宋时期作为皇帝官家的朝服色，到了清代乾隆时期更是被推崇为"福色"。

解析：绛红色是一种深色调的红色，给人的色彩印象沉稳而大气。在室内设计中，可以很好地营造出视觉焦点，且令居室氛围显得质感十足。

中国传统服饰中的绛红色

清代同治　　　　　　故宫博物院藏
酱色江绸钉绫梨花蝶
镶领边女夹坎肩

绛红色在家居空间中的运用

1
● C48 M50 Y51 K4　　● C42 M94 Y81 K45
● C31 M42 Y84 K0

与中差色搭配：卧室的背景色以淡雅的灰白色调为主，地毯中的绛红色与金色搭配，为空间增添了华贵气息，也增强了空间的中式韵味。

2
○ C0 M0 Y0 K0　　　● C31 M24 Y23 K0
● C51 M92 Y90 K28　● C0 M0 Y0 K100

作为点缀色：无彩色系颜色的大量运用，无疑可以提升居室空间的格调，但难免会显得有些单调。不妨加入一些绛红色的软装单品，在不改变原本空间配色印象的同时，又能丰富空间的视觉效果。

3
○ C0 M0 Y0 K0　　　● C76 M77 Y70 K45
● C48 M94 Y86 K20　● C11 M38 Y92 K0

与中差色搭配：当绛红色与柿黄色出现在家居空间中时，明亮气息呼之欲出。也令原本用色简单的空间变得引人注目。

4
● C68 M58 Y56 K6　　○ C0 M0 Y0 K0
● C26 M27 Y49 K0　　● C57 M97 Y85 K47
● C77 M58 Y44 K1

与对比色搭配：运用大面积的深灰色做底色，可以营造出有深度的空间氛围。用浓色调的绛红色和靛蓝色加以点缀，可以减弱空间的沉寂感，使现代感与时尚感并存。

胭脂红色

C24
M57
Y28
K0

来源：胭脂红色曾是一种低温红釉的色彩，以黄金入釉，这也是它的名贵之处。因釉色与妇女化妆所用的胭脂同色，官窑遂将其命名为"胭脂红"，是赤色中最娇艳的颜色。胭脂红釉的呈色有深、浅之分，深者称"胭脂紫"，浅者称"胭脂水"，比胭脂水更浅淡者称"淡粉红"。

解析：胭脂红色红中透粉，十分娇艳。这种色彩十分适合营造女性化居室，无论是大面积使用，还是少量点缀，均能令空间彰显出柔美气息。

瓷器中的胭脂红色

清代乾隆　　　　　　　广东省博物馆藏
广彩胭脂红花草纹开光
花卉纹瓷茶壶

胭脂红色在家居空间中的运用

1

● C26 M38 Y36 K0　　○ C0 M0 Y0 K0
● C24 M57 Y28 K0　　● C19 M36 Y86 K0
● C21 M23 Y13 K0

与中差色搭配：胭脂红色被运用在沙发上，再加入一些纯度较高的黄色与之搭配，加之卡通图案的运用，整个空间充满了童趣。

2

● C93 M53 Y76 K0　　● C20 M53 Y26 K0
○ C0 M0 Y0 K0　　　● C63 M32 Y88 K0
● C0 M0 Y0 K100

与互补色搭配：娇媚的胭脂红色与鲜翠的绿色系颜色搭配，总能给人带来一种轻快、怡人的视觉感受。这样的色彩组合，让人的心情也随之放松起来，静享优雅生活带来的惬意。

3

● C15 M55 Y26 K0　　○ C0 M0 Y0 K0
● C0 M0 Y0 K100

作为背景色：胭脂红色的大面积运用，为空间奠定了娇媚的色彩印象。大量装饰线条和水晶吊灯的运用，令空间的法式风情十分浓郁。

红梅色

C30
M52
Y46
K0

来源： 红梅色无疑来自梅花的颜色。古人常用梅花来比喻高洁、坚毅的品格。如元代文人杨维桢赋有咏梅一诗，诗中云："万花敢向雪中出？一树独先天下春。"

解析： 红梅色呈现出的是带有暖色调的粉红色泽，娇艳却不媚俗，观之令人心生喜爱。在室内设计中，红梅色也是非常适合用于营造女性化居室的色彩，尤其适合女孩房，可以凸显出小女孩的娇美之感。

中国传统画中的红梅色

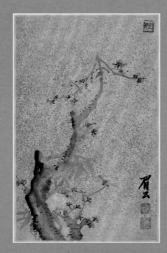

明代 陈继儒 重庆博物馆藏
书画合册（其一）

红梅色在家居空间中的运用

1

○ C0 M0 Y0 K0　　● C65 M68 Y76 K29
● C25 M55 Y44 K0　● C49 M89 Y94 K22
● C53 M57 Y71 K5

作为背景色： 餐厅背景色为红梅色，搭配白色，能够营造出带有女性气息的餐厅氛围，再加入一些金色点缀，空间的小资与文艺气息就能被激发出来。

2

● C55 M55 Y54 K1　○ C0 M0 Y0 K0
● C82 M40 Y20 K0　● C14 M43 Y28 K0

与对比色搭配： 阳台家务间的配色丰富又不失和谐。冷色调的蓝色地柜与墙面不同明度的红梅色花砖形成色彩对比，营造出一种富有活力和生气的空间氛围。上部墙面的灰褐色乳胶漆则为整个空间带来了一种沉稳、自然的感觉。

3

○ C0 M0 Y0 K0　　● C31 M57 Y43 K0
● C35 M36 Y39 K0

作为主角色： 女孩房中以白色作为背景色，营造出干净、通透的室内氛围。红梅色作为主角色出现在明亮的空间中，瞬间带来了柔美气息。

4

● C14 M43 Y28 K0　○ C0 M0 Y0 K0
● C37 M19 Y22 K0　● C0 M0 Y0 K100
● C0 M0 Y0 K0

与对比色搭配： 红梅色的墙面作为餐厅中占比最多的颜色，奠定了空间雅致、唯美的基调。搭配天青色，色彩之间的对比丰富了配色层次。白色和金色的加入，更是将空间中的精致感大幅提升。两把黑色座椅则不动声色地起到稳定空间配色的作用。

第一章 红色系 大气、浓郁的东方之色

银红色

C8
M18
Y3
K0

来源： 银红色最早出现的记载来源为《宋史·舆服志》。据记载称："大罗花以红、黄、银红三色……罗花以赐百官……"在宋代举行盛宴之际，幞头簪花是君臣间的乐事，而银红色的大罗花便是可以登上大雅之堂的赏赐之物。

解析： 银红色是一种带有银光的红中泛白的颜色，类似浅红牡丹的花色，自带妩媚之感。在室内设计中，非常适合作为软装配色。

中国传统画中的银红色

清代 钱维城　　　　波士顿美术馆藏
万有同春图卷（局部）

银红色在家居空间中的运用

1

○ C0 M0 Y0 K0　　　　◐ C29 M24 Y21 K0
◐ C10 M21 Y5 K0　　　● C83 M63 Y62 K19
◐ C35 M41 Y51 K0　　● C83 M80 Y68 K48

与互补色搭配： 卧室整体配色以无彩色系的颜色为基调，再用木色地板提升空间的温度，床品配色则选用了有彩色系中的银红色与青绿色，色彩之间的对比增强了空间的配色层次感。

2

◐ C4 M20 Y5 K0　　　◐ C33 M24 Y22 K0
● C45 M51 Y58 K0　　◐ C40 M17 Y26 K0

作为背景色： 银红色的背景墙温柔又唯美，与灰色搭配，更是增强了空间的高级感。暖褐色的地板既强化了空间的温暖气息，又起到稳定空间配色的作用。

3

◐ C22 M11 Y8 K0　　　◐ C20 M25 Y35 K0
◐ C11 M20 Y7 K0　　　◐ C32 M0 Y15 K0
● C0 M0 Y0 K100　　　● C78 M54 Y80 K17
● C50 M93 Y96 K27　　◐ C16 M11 Y49 K0

与对比色搭配： 淡色调的蓝色与银红色搭配，用于餐厅的墙面，柔和又梦幻。再用色彩跳跃的灯具来增添活力，整个餐厅仿佛童话世界一般。

4

◐ C8 M18 Y4 K0　　　◐ C27 M29 Y15 K0
● C55 M42 Y36 K0　　○ C0 M0 Y0 K0
● C56 M91 Y33 K0　　◐ C10 M9 Y22 K0

与类似色搭配： 卧室背景墙为银红色，再选用与之互为类似色的浅粉紫色作为软装织物的配色，整个卧室空间被营造得精致又唯美。

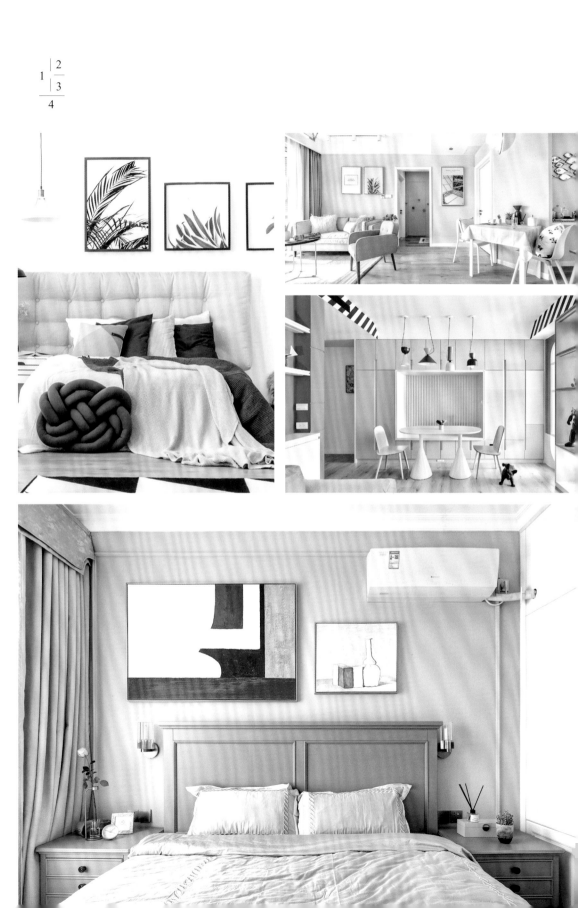

1 | 2
  | 3
    4

十样
锦
色

C18
M22
Y22
K0

来源: 十样锦色是一种近似粉红色唐菖蒲的色彩。十样锦,也是一种粉色纸笺的名字。相传唐代女诗人薛涛,居于浣花溪畔,以草木为材,将纸张染成浪漫的粉色并制成信笺,写诗寄情,世称"薛涛笺"。

解析: 十样锦色是一种粉中透白的颜色,具有浪漫、风雅的色彩印象。在室内设计中,这一温柔的色彩适合出现在任意地方,若搭配带有花纹的壁纸或织物,可以更好地营造空间的浪漫氛围。

中国传统画中的十样锦色

宋代 吴炳
出水芙蓉图

故宫博物院藏

十样锦色在家居空间中的运用

1

○ C16 M24 Y18 K0　　● C49 M20 Y35 K0
● C0 M0 Y0 K50　　○ C53 M34 Y44 K0

作为背景色: 带有灰色调的十样锦色搭配灰草绿色,在保留了少女甜美感的同时,将甜腻的感觉过滤掉。这两种色彩糅合在同一个空间之中,可以散发出淡淡的精致感。

2

○ C19 M23 Y22 K0　　○ C0 M0 Y0 K0
● C0 M0 Y0 K100　　● C87 M56 Y67 K16

与互补色搭配: 十样锦色的墙面将温柔的气息盈满一室,再搭配翡翠绿色的座椅,互补色之间的碰撞,更是带来了一种独特的视觉效果,令人眼前一亮。

3

○ C0 M0 Y0 K0　　● C14 M20 Y18 K0
● C15 M15 Y14 K0

作为主角色: 将优雅、柔和的十样锦色应用于橱柜,再以白色进行调和,令厨房产生自然、灵动的气息。浅灰色的地面则能够带来高级感,使整个空间具有甜而不腻、温婉又高雅的情调。

如今，橙色已是生活中司空见惯的色彩，但在古代中国，它没有独立色系，而是散落在赤色、黄色等大类中。简言之，橙色就是偏黄的赤色或偏赤的黄色。尽管赤色、黄色都是古代的正色，但介于两者之间的橙色并不常见，其色彩表现主要借助"纁""缊"等古老的色名。

第二章

橙色系

和煦、温暖的浓郁之色

黄丹色

C18
M76
Y86
K0

来源： 黄丹是古代炼丹时合成的物质，由术士用铅、硫磺、硝石等合炼而成，所以也叫铅丹。春秋战国时，因采矿和冶炼经验的积累，出现炼丹术士，他们声称可通过秘方获得长生不老药或贵金属。

解析： 黄丹的颜色是像初升太阳一样的赤黄色，色调中的红色属性偏多一些。黄丹色的色彩比较明亮、耀眼，在家居空间中可以起到点睛的作用。

中国传统画中的黄丹色

清代 焦秉贞　　　　　故宫博物院藏
历朝贤后故事图·约束外家
（局部）

黄丹色在家居空间中的运用

1

○ C0 M0 Y0 K0　　　● C17 M70 Y85 K0
● C0 M0 Y0 K100　　● C72 M55 Y11 K0
● C78 M45 Y71 K4　　● C20 M41 Y72 K0

与对比色搭配： 将纯度较高的黄丹色作为空间的主角色十分吸引眼球，为空间带来时尚与个性的气息。装饰画中孔雀的配色以蓝、绿两色为主，与玄关柜形成对比的配色关系，再用白色和黑色调整，令玄关空间的配色极具视觉张力。

2

○ C0 M0 Y0 K0　　　● C16 M71 Y77 K0
● C0 M0 Y0 K100

作为主角色： 在这个以白色为主色调的空间中，黄丹色的单人座椅成为引人注目的焦点，其圆润的线条还为空间增添了柔和感。边几中的少量黑色则起到了点缀的作用，与白色空间相互映衬，营造出一种简洁、优雅的氛围。

3

● C36 M45 Y48 K0　　● C59 M60 Y64 K7
● C16 M70 Y69 K0　　● C0 M0 Y0 K100
○ C0 M0 Y0 K0

作为背景色： 书房的面积不大，因此将黄丹色应用于墙面，膨胀色的使用不仅具有在视觉上放大书房的效果，还提高了空间的明亮度。搭配的褐色系颜色通过明度的变化来丰富书房的配色层次。

4

○ C0 M0 Y0 K0　　　● C17 M70 Y85 K0
● C59 M40 Y82 K0

与中差色搭配： 白色与黄丹色搭配，给人的色彩印象是干净、和煦的，在这样的空间进餐，心情也会变得轻松起来。而绿植的加入，则提升了空间的生机感，与黄丹色搭配，营造出一种温馨而又不失活力的氛围。

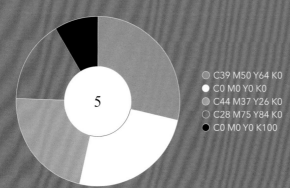

○ C39 M50 Y64 K0
● C0 M0 Y0 K0
○ C44 M37 Y26 K0
○ C28 M75 Y84 K0
● C0 M0 Y0 K100

作为点缀色：虽然书房的主色依然是较为常规的白色、木色和灰色，因此书房具有了个性与时尚的气息。明亮的黄丹色懒人沙发是空间中最引人注目的配色，为提亮空间起到不可忽视的作用。

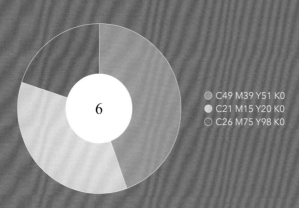

○ C49 M39 Y51 K0
● C21 M15 Y20 K0
○ C26 M75 Y98 K0

作为点缀色：黄丹色作为点缀色巧妙地穿插在这个空间中，与整体色调相互映衬，形成了一种鲜明而和谐的色彩搭配关系。

纁黄色

C40
M73
Y84
K3

来源： 纁黄作为色名，取自黄昏时的天象。作为天象特殊时刻的颜色，古诗中不乏有纁黄色是帝王用色的记叙。如曾巩有诗云："轮辕孰晓直？冠盖孰纁黄？珪璋国之器，孰杀孰锋铓？"

解析： 纁黄色是一种美丽而温暖的颜色，类似黄昏时太阳落入地平线时的天色。在室内设计中，可以将纁黄色用于墙壁、家具、窗帘等，以营造出一种柔和、温暖的氛围。

中国传统画中的纁黄色

唐代 阎立本（传）　　　台北故宫博物院藏
十八学士图（局部）

纁黄色在家居空间中的运用

1
● C39 M78 Y89 K9　● C25 M45 Y63 K7
○ C0 M0 Y0 K0

作为背景色： 该空间以纁黄色为主色调，占据了80%的面积，搭配鱼骨形的木色地板，营造出一种温暖、舒适的氛围。白色作为辅助色，巧妙地点缀在空间中，为整体增添了一丝清新、明亮的感觉。

2
○ C0 M0 Y0 K0　● C32 M80 Y93 K9
● C47 M38 Y37 K0

作为背景色＋主角色： 空间背景色为白色，地面为灰色，整体色彩搭配简洁明了，给人以清爽舒适的感觉。纁黄色的餐桌椅与厨房隔断和入户门的颜色一致，形成了统一的色调，也丰富了空间的配色层次。

3
○ C0 M0 Y0 K0　● C25 M20 Y15 K0
● C36 M79 Y91 K6　● C55 M43 Y27 K3

与背景色＋点缀色： 在该空间中，纁黄色被运用于顶面和部分墙面之中，与白色墙面形成了鲜明的对比，同时也为空间增添了一丝活力。地面采用了灰色调的颜色，与白色形成了和谐搭配，营造出一种简洁而优雅的氛围。睡床的颜色与地面的颜色属同色系，但不同色调，这种微妙的变化增强了空间的层次感和立体感。

4
○ C0 M0 Y0 K0　● C41 M40 Y49 K0
● C34 M74 Y92 K1　● C0 M0 Y0 K100
● C70 M5 Y7 K0　● C13 M4 Y84 K0

作为主角色： 该空间以白色作为背景色，黑色的门与之形成强烈的色彩对比，增强了视觉冲击力。装饰柜的纁黄色为主角色，成为整个空间的焦点，一把同色系的单人座椅在色彩上与之形成呼应，增强了整体感。色彩明艳的装饰画则令空间配色层次更加丰富与鲜明。

$$\frac{1}{2} \bigg| \frac{3}{4}$$

第二章　橙色系　和煦、温暖的浓郁之色

朱颜酡色

C24
M62
Y62
K0

来源：朱颜酡色的释义为：美人醉酒后脸上泛起的红晕之色。《楚辞》中曾记载："美人既醉，朱颜酡些。"是最好的例证。

解析：朱颜酡色是一种粉中透橘的颜色，给人一种满满的元气感。将这样的色彩运用在家居设计中，可以营造出令人心情放松的居住环境。

朱颜酡色在家居空间中的运用

1
○ C0 M0 Y0 K0 ● C16 M66 Y65 K0
● C17 M38 Y36 K0 ● C36 M16 Y15 K0

作为主角色： 在这个以白色为背景色的客厅中，两个朱颜酡色的单人沙发成为视觉焦点，鲜艳的色彩与背景色形成了鲜明对比，同时也为整个空间带来了一丝温暖和活力。肉粉色的窗帘缓和了强烈的色彩对比，为空间增添了柔和的氛围。蓝白相间的条纹地毯则在视觉上起到了连接和统一的作用，使整个空间的色彩搭配更加协调。

2
● C14 M61 Y56 K0 ● C22 M34 Y44 K0
○ C0 M0 Y0 K0 ● C26 M41 Y69 K0
● C76 M56 Y17 K0 ● C51 M88 Y64 K12

作为背景色： 朱颜酡色的墙面背景色与丰富的软装色彩相得益彰，形成了鲜明的对比。这种色彩搭配关系不仅增强了空间的层次感，还营造出一种灵动的空间氛围。同时，软装色彩的丰富性也为空间增添了活力和趣味性，使整个空间更加生动有趣。

中国传统画中的朱颜酡色

唐代 佚名
宫乐图

台北故宫博物院藏

3
○ C0 M0 Y0 K0 ● C25 M62 Y62 K0
● C27 M33 Y24 K0 ● C44 M33 Y31 K0

作为点缀色： 以白色作为空间背景色，再加入朱颜酡色和淡山茱萸粉色作为搭配，迎合了小女孩天真、梦幻的特点。局部用灰色点缀，增添了空间的高级感。

缊韨色

C49
M71
Y84
K11

来源： 缊韨指的是古代祭服上的浅赤色蔽膝。这个词出现在《礼记·玉藻》中："一命缊韨幽衡。"郑玄对此注释说："韨之言亦蔽也。缊，赤黄之间色，所谓韎也。"

解析： 缊韨色是赤色和黄色的间色。由于这一色彩既有橙色的暖意，又带有沉稳的属性，因此非常适合营造温馨、舒适且具有质感的空间氛围。

中国传统画中的缊韨色

唐代 阎立本（传）　　台北故宫博物院藏
十八学士图（局部）

缊韨色在家居空间中的运用

1
- C66 M58 Y55 K0
- C66 M69 Y76 K7
- C53 M79 Y91 K24
- C0 M0 Y0 K100

作为配角色： 在这个空间中，主色调是大量的灰黑色和褐色，这种搭配虽然经典，但显得有些沉闷和单调。为了增强色彩的层次感和丰富度，采用了缊韨色的单人座椅和地毯进行色彩调剂。

2
- C47 M72 Y92 K10
- C31 M30 Y33 K0
- C53 M51 Y53 K0
- C33 M61 Y71 K0

作为背景色： 若想营造温暖又低调的空间环境，选用缊韨色一定不会出错。例如，本案例将缊韨色用作墙面背景色，既惹人注目，又不会显得过于刺激。

3
- C63 M61 Y48 K0
- C42 M63 Y75 K8
- C30 M23 Y21 K0
- C32 M33 Y54 K0

与中差色搭配： 饱和度较低的缊韨色与灰紫色进行搭配，即使大面积运用，也不会显得刺激，反而营造出和谐的色彩关系，即便运用在需要营造宁静氛围的卧室中，也不违和。

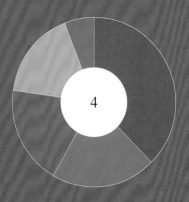

○ C82 M56 Y68 K16
○ C56 M60 Y62 K4
○ C46 M71 Y81 K7
● C43 M32 Y30 K0
○ C83 M51 Y47 K1

与中差色搭配： 深绿色的沙发背景墙与缊藏色的皮质沙发形成了鲜明的色彩对比，营造出沉稳而又不失活泼的空间氛围。青翠色的抱枕为整个空间增添了一丝生机，且与背景墙的色彩相呼应。同时，墙面的装饰画为克里姆特的《吻》，画作中金色和绿色与整个空间的色彩搭配相得益彰，彰显优雅而又浪漫的气息。

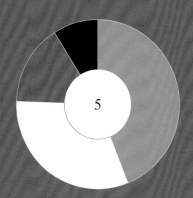

● C45 M47 Y50 K0
○ C0 M0 Y0 K0
○ C47 M73 Y94 K11
● C0 M0 Y0 K100

作为点缀色： 卧室的软装以白色为主，虽然令空间显得干净、明亮，但难免有些单调。这时不妨用缊藏色的床巾来打破沉闷，使得整个卧室的配色更加有层次感。

萱草色

C13
M49
Y82
K0

来源： 萱草色是一种来自"萱草"的色彩。萱草又称"谖草"或"忘忧草"，有着思念亲人的寓意。

解析： 萱草色黄中带红，近似橘色，给人一种温暖而明快的感觉。与明黄色相比，萱草色稍显低调，但仍然能吸引人们的注意力。在家居空间的运用中，萱草色可以为整个空间带来一种温馨、舒适的感觉。

中国传统画中的萱草色

清代 钱维城　　　　台北故宫博物院藏
天中瑞景轴（局部）

萱草色在家居空间中的运用

1
- C42 M33 Y38 K0
- C11 M44 Y75 K0
- C30 M40 Y42 K0
- C44 M15 Y62 K0

作为主角色： 灰色作为大面积背景色使用时，搭配不当很容易出现压抑、沉闷的感觉。但若以萱草色作为主角色，能在视觉上缓解灰色的沉闷，增加活跃感，平衡整体空间的动静，把温暖感和高级感融合，营造与众不同的居室氛围。

2
- ○ C0 M0 Y0 K0
- C13 M48 Y89 K0
- C50 M26 Y7 K0

作为主角色： 在这个角落空间中，萱草色的边柜散发着热情和活力；而蓝白相间的中式坐墩则给人一种清新、典雅的感觉。这种色彩搭配巧妙地吸引了人们的注意力，同时营造出一种舒适、和谐的氛围，让人仿佛置身于一个精心设计的艺术空间。

3
- ○ C0 M0 Y0 K0
- C9 M49 Y80 K0
- C35 M53 Y73 K0
- ● C0 M0 Y0 K100
- C78 M48 Y53 K1

与对比色搭配： 客厅的背景色为简洁明亮的白色，营造出清新、开阔的空间。黑色作为点缀色，巧妙地分布在客厅的各个角落，为空间增添了几分沉稳。萱草色的沙发作为客厅的视觉焦点，其明亮的色彩为空间带来了无尽活力，其上摆放的蓝色抱枕则为整个空间注入了清新和宁静，且与萱草色的沙发形成了鲜明的色彩对比，强化空间的配色层次。

来源: 柘黄色,这一色彩自隋代至明代一直是天子的龙袍色彩。到了清代,这一色彩不再是天子龙袍的御用色,皇室其他成员的服饰中也会出现此色。

解析: 柘黄色是一种略显红色的暖黄色,适合用于营造温馨、舒适的家居环境。如果家居空间较小,可以选择在一面墙上使用柘黄色,或者在家具、装饰品等小面积物品上使用柘黄色,以增加空间的明亮感和温馨感。如果家居空间较大,可以选择在多个墙面上使用柘黄色,或者在地板、地毯等大面积物品上使用柘黄色,以营造出整体统一的氛围。

中国传统画中的柘黄色

土尔扈特白鹰图
清代 艾启蒙
台北故宫博物院藏

柘黄色在家居空间中的运用

① ○ C0 M0 Y0 K0 　● C25 M66 Y95 K0
● C10 M23 Y60 K0 　● C0 M0 Y0 K100

作为主角色: 柘黄色的装饰柜占据了主要视觉位置,其鲜艳的色彩十分引人注目。与之搭配的是黄色系的装饰画,其色彩与柘黄色相互呼应,形成了统一感。背景色选择了明亮的白色,这种色彩搭配关系既突出了装饰柜的存在感,又通过装饰画和背景色的搭配增强了整体空间的和谐度。

② ○ C0 M0 Y0 K0 　● C76 M59 Y76 K23
● C21 M65 Y81 K0 　● C37 M45 Y56 K0

与中差色搭配: 在这个空间中,沙发的配色展现出富有层次感和对比感的视觉效果。柘黄色和深绿色的组合营造出一种温暖而不失沉稳的氛围。而作为点缀的柘黄色抱枕,在呼应沙发配色的同时,也为整个沙发区域增添了活力感。

③ ● C44 M46 Y50 K0 　● C57 M72 Y93 K28
● C36 M73 Y86 K1 　● C0 M0 Y0 K100

作为点缀色: 鲜艳的柘黄色自带奢华气息,用于书房能够增强其精致感和高级感,再结合同样具有暖色特征的褐色系色彩,让整体空间的色彩搭配和谐又自然。

④ ● C90 M68 Y60 K23 　○ C0 M0 Y0 K0
● C29 M68 Y89 K3 　● C96 M89 Y59 K40

与互补色搭配: 深孔雀蓝色的背景墙显得深邃、宁静,柘黄色的抱枕和床巾则为空间带来了活泼的感觉,色彩丰富的地毯同样是空间中的"颜值担当"。但由于空间色彩较为丰富,因此用白色的睡床为空间增添透气感。

赪霞色

C13
M52
Y63
K0

来源: 赪霞色即红霞的颜色。南北朝诗人谢朓有诗云:"积水照赪霞,高台望归翼。"意为:日出日落,盛夏田间的红霞,是夏日里独有的浪漫风情。

解析: 赪霞色的色彩浓郁而富有魅力,且兼具高级感和时尚感。在空间设计中,赪霞色可以成为引人注目的焦点,为整个空间带来活力和热情。无论是作为背景色还是点缀色,赪霞色都能展现出其独特的魅力。

中国传统画中的赪霞色

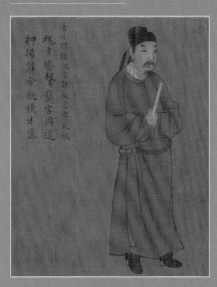

唐代 阎立本(传)　台北故宫博物院藏
十八学士图(局部)

赪霞色在家居空间中的运用

1 ● C12 M52 Y64 K0　○ C0 M0 Y0 K0

作为背景色: 大面积的赪霞色定制柜为空间的角落带来温馨之感。造型奇特的白色座椅则为空间增添了趣味性,且和窗帘的色彩形成呼应,令整个空间的色彩搭配更具统一感。

2 ○ C0 M0 Y0 K0　● C49 M42 Y43 K0
● C17 M16 Y18 K0　● C12 M50 Y60 K0

作为点缀色: 淡雅的灰色系色彩奠定了放松、惬意的空间基调,再用明亮的赪霞色作为跳色,给人精美、明媚的视觉感受。加入花朵图案和丝绸材质等元素体现了空间的浪漫与唯美特性。

3 ● C15 M50 Y62 K0　● C42 M38 Y38 K0
○ C0 M0 Y0 K0　● C42 M40 Y54 K0

作为背景色: 客厅背景墙的颜色被一分为二,上半部分为赪霞色,下半部分为白色,营造出一种层次感和立体感。白色的沙发不仅和背景墙的色彩有所呼应,也为空间增添了明亮感。而点缀在沙发上的赪霞色抱枕则成为点睛之笔,展现出空间色彩搭配的呼应与变化。

4 ○ C0 M0 Y0 K0　● C15 M50 Y64 K0
● C66 M73 Y74 K34　● C0 M0 Y0 K100

作为点缀色: 在这间儿童房中,白底黑色星星图案的壁纸令空间充满了活泼之感。赪霞色的出现则在色彩上为空间注入了活力。深褐色地板的加入则起到稳定空间配色的作用。

在中国，黄色代表权威。自唐代起，黄色成为皇家专用色，被列为民间禁色，黄袍、黄瓦、黄金器物等皆为贵族专属。黄色最早是用来形容玉石的颜色，虽然能从植物中提炼出大量的黄色染料，但多数植物所含色素中黄色的纯度较低，只能染出偏暗的赭黄色，少数植物染料染出的如姜黄、黄檗等黄色则相对明亮。因此，黄色系颜色的色调跨度很大。

黄色系

权威、尊贵的皇家之色

柠檬黄色

C14
M9
Y43
K0

来源: 柠檬黄在瓷器领域曾是一种釉面色彩,这是一种比娇黄釉更为浅淡的中温釉,釉色不仅鲜嫩娇媚,釉面也匀净柔和。据说柠檬黄釉是雍正皇帝最爱的釉色,因此这类黄釉成为雍正时期单色釉瓷器中最为出名的。

解析: 柠檬黄色由浅淡的黄色和少量绿色混合而成,类似柠檬果实的颜色。在室内设计中,柠檬黄色的运用广泛,作为背景或点缀色均可。此外,这一色彩非常适合用于儿童房中。

中国传统器物中的柠檬黄色

清代康熙   美国大都会博物馆藏
柠檬黄釉梅瓶

柠檬黄色在家居空间中的运用

1

○ C12 M5 Y46 K0   ● C21 M24 Y32 K0
○ C0 M0 Y0 K0

作为背景色: 柠檬黄色的背景墙奠定了整个空间的主色调,营造出充满活力和阳光的空间氛围。白色的家具和装饰品则起到了平衡和调和配色的作用,使整个空间显得清爽而明亮。同色系的黄色抱枕则与背景墙相互呼应,增强了整个空间的统一性和连贯性。

2

○ C0 M0 Y0 K0   ● C35 M27 Y18 K0
● C35 M34 Y36 K0   ○ C8 M5 Y44 K0
● C47 M24 Y26 K0

作为配角色 + 点缀色: 以白色作为背景色,营造出干净、简洁的空间环境。而灰色的沙发则起到稳定空间配色的作用。柠檬黄色的单人座椅和抱枕作为点缀,为空间注入了活力。

3

○ C13 M10 Y45 K0   ○ C0 M0 Y0 K0
● C56 M29 Y18 K0   ● C0 M0 Y0 K100

与对比色搭配: 柠檬黄色作为主角色,使橱柜成为视觉焦点。墙面花砖中的蓝色与之形成色彩上的对比,丰富了整体空间的配色层次,其间点缀的黄色则与主角色形成呼应,令空间配色的整体感更强。

4

● C14 M11 Y40 K0   ○ C0 M0 Y0 K0
● C52 M70 Y93 K16

作为主角色: 以柠檬黄色的橱柜为焦点,搭配少量白色,营造出清新、明亮的氛围;同时,棕色的地板为整个空间增添了一分温暖和质感,使其更加舒适和自然。

鸡油黄色

C7
M10
Y71
K0

来源：自汉代以来，历代官窑都会烧制黄瓷，但在明代以前，黄釉瓷器呈现出的色彩多为黄褐色或深黄色，而非真正的黄色。直到明代弘治时期，黄瓷的烧制真正达到巅峰。因其釉色纯正，釉面平整，光泽度好，看起来娇艳欲滴，被后人称为"鸡油黄"。

解析：鸡油黄色呈现出的色彩感觉明艳中不失温暖，用于室内设计中，不仅可以提升空间的明亮度，还可以营造出温馨的室内氛围。

中国传统器物中的鸡油黄色

明代弘治　　　　　　故宫博物院藏
黄地青花折枝花果纹盘

鸡油黄色在家居空间中的运用

○ C12 M14 Y71 K0　● C0 M0 Y0 K100
○ C0 M0 Y0 K0　　● C24 M33 Y42 K0

作为背景色：鸡油黄色温暖却又不会过分热烈，用于厨房的配色可以给人带来愉悦的烹饪心情。黑色的搭配使用，令空间有了稳定感。

○ C8 M12 Y71 K0　　● C64 M68 Y73 K24
● C82 M57 Y41 K1

与对比色搭配：鸡油黄色和靛蓝色均属于中式传统色，也是来自皇家的色彩，用其营造中式风格的家居再合适不过。靛蓝色意蕴十足，奠定了清雅的基调；而鸡油黄色则为空间奠定了高雅的基调。

● C32 M26 Y21 K0　○ C9 M9 Y73 K0
● C35 M20 Y29 K0　● C80 M74 Y70 K44

作为点缀色：当明度较高的鸡油黄色作为家居中的点缀色出现时，虽然应用面积不大，但能轻易渲染出让人眼前一亮的轻松氛围。

● C7 M10 Y71 K0　　● C24 M20 Y45 K0
○ C0 M0 Y0 K0　　　● C58 M60 Y100 K30
● C50 M35 Y66 K0

与同类色搭配：鸡油黄色的窗帘和椅背成为空间中最温暖的色彩，墙面出现的黄绿相间的花朵图案令居室显得春意盎然。

缃叶黄色

C19
M12
Y77
K0

来源: 缃叶黄为桑叶初生之色,亦为秋荷之色。此外,缃与缥皆为中国传统色名。缃缥、缥缃为读书人指代书卷的专用词,因古人常以浅黄色或淡青色的丝帛作书衣或书囊,故读书人常与此二色为伴。

解析: 缃叶黄色为一种降低了纯度的黄色,色调中带有少量绿色,视觉上显得更加柔和、雅致。在室内设计中,即使作为小面积的点缀色,也足够吸引眼球。若作为大面积配色,则能提升空间的暖意。

中国传统服饰中的缃叶黄色

清代雍正　　　　　　　故宫博物院藏
黄色缎绣云龙狐皮龙袍

缃叶黄色在家居空间中的运用

1　　○ C12 M10 Y78 K0　　● C81 M55 Y82 K20
　　　● C79 M78 Y64 K39　　○ C0 M0 Y0 K0

与邻近色搭配: 卫浴空间的配色充满时尚感,上半部分的墙面以缃叶黄色为底色,且绘制了灰黑色的仙鹤和植物图案;下半部分则采用了墨绿色的护墙板,与上半部分的墙面色彩形成对比,营造了空间的配色层次。

2　　○ C0 M0 Y0 K0　　　● C34 M47 Y72 K0
　　　● C18 M12 Y74 K0　　● C0 M0 Y0 K100

作为点缀色: 该空间以白色为背景色,灰白色的沙发与木色地板相得益彰,营造出自然氛围。少量的缃叶黄色点缀在装饰画中,虽然用笔不多,但令空间有了一丝暖意。抱枕中的少量黑色则起到稳定空间配色的作用。

3　　○ C0 M0 Y0 K0　　　● C22 M21 Y20 K0
　　　● C19 M12 Y77 K0　　● C65 M55 Y82 K12
　　　● C0 M0 Y0 K100

作为配角色 + 点缀色: 大面积的白色背景营造出干净的空间基调,灰白色的沙发与背景色既形成了呼应,又有色彩上的变化,层次感十足。缃叶黄色出现在单人座椅和抱枕中,提升了空间的温暖感。整个空间的色彩搭配和谐有序、层次分明,令人仿佛置身于诗意的世界。

4　　● C14 M12 Y15 K0　　● C41 M33 Y34 K0
　　　● C19 M12 Y77 K0　　● C53 M23 Y73 K0
　　　● C38 M45 Y67 K0

与同相色搭配: 在这个空间中,浅灰色的背景墙与深灰色的沙发相得益彰,营造出丰富的配色层次感。而缃叶黄色的抱枕和沙发巾则如同明亮的阳光,为整个空间注入了生机与活力。

明黄色

C7
M5
Y86
K0

来源：明黄色曾是清代历代皇帝的朝服御用之色。但随着清王朝的覆灭，这种曾代表着封建皇权的色彩逐渐回归民间。

解析：明黄色是一种色彩纯度较高的冷调黄色，明亮而耀眼。若将明黄色用于背景色，可以令整个空间显得更加明亮、活泼。例如，可以选择将整个墙面涂成明黄色，或者只在部分墙面上使用明黄色的壁纸或涂料。

中国传统画中的明黄色

清代 郎世宁　　台北故宫博物院藏
道光帝朝服像轴

明黄色在家居空间中的运用

1

○ C9 M4 Y80 K0　　○ C0 M0 Y0 K0
● C27 M22 Y38 K0

作为背景色：厨房以高纯度、高明度的明黄色作为背景色，且占据了 70% 的空间面积，与白色和暖灰色形成了鲜明对比。同时，白色还可以增强空间的亮度和整洁感，地面的暖灰色则为整个空间带来了温馨、舒适感。

2

● C52 M42 Y39 K0　　○ C8 M7 Y8 K0
● C18 M32 Y56 K0　　● C9 M5 Y82 K0

作为点缀色：厨房配色以不同色调的灰色为主色，营造出一种简洁、现代的氛围。然而，少量明黄色的出现则打破了这种单调感，为空间注入了活力和明亮感。

3

○ C0 M0 Y0 K0　　　● C8 M4 Y84 K0
● C0 M0 Y0 K100　　● C30 M84 Y88 K0
● C53 M7 Y20 K0　　● C38 M7 Y53 K0

作为主角色：玄关墙面以明黄色为主角色，明亮而活泼。餐厅背景墙则以白色为主角色，且在墙面上绘有色彩丰富的人物画像。整个空间的配色层次丰富，且艺术氛围浓郁。

雌黄色

C17
M21
Y80
K0

来源：雌黄色是一种来源于矿石中的颜色。由于雌黄色的稳定性和覆盖力十分出色，加之敦煌附近产雌黄，古代画师就地取材，因此在盛唐时期的石窟壁画中，雌黄成了绘制佛像服饰的主要颜色。

解析：雌黄色是一种正黄色，明度和纯度均较高，这种色彩适合用于需要营造活泼、明亮氛围的空间，例如客厅、餐厅等。但在卧室等需要营造安静、舒适氛围的场合，则不太适合大面积使用，否则容易造成视觉疲劳。

中国传统画中的雌黄色

宝相观音图
清代 丁观鹏

故宫博物院藏

雌黄色在家居空间中的运用

○ C10 M7 Y10 K0　　● C45 M45 Y53 K0
● C18 M21 Y84 K0　　● C71 M49 Y100 K9

与邻近色搭配：米白色的护墙板与暖灰色的地板共同营造出稳定、和谐的配色关系。然而，空间中真正引人注目的是雌黄色的装饰柜与充满生机的绿植，雌黄色的装饰柜在绿植的映衬下显得格外突出，而绿植的生机勃勃又与雌黄色相互呼应，形成了一种独特的视觉效果。

○ C0 M0 Y0 K0　　● C32 M27 Y25 K0
● C14 M17 Y81 K0

作为点缀色：客厅配色以白色作为背景色，灰色作为主角色，色彩的搭配营造了低调、高雅的空间氛围。而雌黄色的点缀则成为整个空间的亮点，不仅打破了单调的色彩组合，还为空间带来了一丝温暖和欢快的气息。

● C16 M17 Y19 K0　　● C15 M22 Y83 K0

作为主角色：将明亮、耀眼的雌黄色运用在厨房的地柜中，墙面则使用了浅淡的米灰色，色彩之间的反差为厨房营造出层次感与立体感。同时，米灰色的护墙板也为空间带来了一种简洁、干净的感觉。

○ C0 M0 Y0 K0　　● C16 M18 Y77 K0

作为主角色：以白色作为空间的背景色虽然可以营造干净、明亮的空间氛围，但难免令空间显得有些单调。不妨将鲜明的雌黄色运用在家具和装饰物中，用笔无须过多，即可大幅提升空间的活力与张力。

第三章 黄色系 权威、尊贵的皇家之色

藤黄色

C12
M29
Y81
K0

来源： 藤黄色取自南方热带雨林中海藤树的树脂。由于这种色彩着色后不易褪色，因此经常运用在中国传统绘画和石窟彩绘中。但由于藤黄性毒，因此不可用作染料。

解析： 藤黄色是在纯黄色的基础上加了黑色、褐色的黄色，也就是黄色里的高级灰。藤黄色在室内设计中，既可以作为背景色大面积运用，也可以作为点缀色局部点亮家居空间。此外，这一色彩也非常适合光线不足的居室使用。

中国传统画中的藤黄色

清代 恽寿平　　　　天津博物馆藏
瓯香馆写生图之枇杷

藤黄色在家居空间中的运用

① ○ C13 M27 Y88 K0　○ C0 M0 Y0 K0
　● C49 M49 Y67 K0　● C67 M44 Y100 K3

作为背景色： 玄关墙面选用了白色与藤黄色的花纹壁纸，与藤黄色的入户门形成了色彩呼应，营造出和谐、统一的视觉效果。同时，绿植的加入不仅为空间增添了自然气息，也丰富了空间的配色层次。

② ○ C0 M29 Y7 K0　● C0 M0 Y0 K100
　● C11 M25 Y84 K0　○ C0 M0 Y0 K0

与中差色搭配： 客厅墙面为胭脂红色，这种颜色能够营造出富有艺术气息的空间氛围。沙发选用了藤黄色，与墙面形成了鲜明的色相对比，黑色的出现则更加强化了空间色彩搭配的个性化特征。

③ ○ C0 M0 Y0 K0　● C11 M28 Y86 K0
　● C18 M68 Y70 K0

与邻近色搭配： 卧室中的墙面和睡床都使用了藤黄色，布艺软装则采用了大量的黄丹色。这种邻近色的搭配方式创造了一种和谐、舒适的视觉效果，让整个空间显得温馨而富有层次感。

④ ○ C0 M0 Y0 K0　● C13 M27 Y47 K0
　● C10 M29 Y84 K0　● C48 M85 Y100 K19
　● C84 M68 Y57 K18　● C80 M36 Y100 K0

作为点缀色： 高饱和度的藤黄色单人座椅不仅色彩鲜艳，而且造型独特，成为空间中一道亮丽的风景。同时，空间中的少量金色装饰物与藤黄色座椅形成了色彩呼应，塑造出和谐而富有层次的色彩环境。

室内设计配色手册　中国传统色的应用　　　　/ 66 /

第三章　黄色系　权威、尊贵的皇家之色

栀子黄色

C29
M32
Y87
K0

来源： 栀子可以算是草本植物染料家族中的鼻祖了，而栀子黄色则是由栀子果实的黄色汁液浸染出的颜色。汉武帝时期服色尚黄，古书《汉官仪》中记载："染园出卮茜，供染御服"，说明当时以栀子黄色为最高级的服色。

解析： 栀子黄色是一种偏红的暖黄色，容易营造出鲜艳而温暖的色彩印象，因此较常用于室内设计中。例如，在现代风格的室内设计中，栀子黄色可以作为配角色或点缀色，与白色、灰色等中性色搭配，营造出简洁、明亮的空间氛围。在中式风格的室内设计中，栀子黄色则可以与红色、蓝色等传统色彩搭配，营造出典雅的空间氛围。

中国传统服饰中的栀子黄色

清初期
黄色八团彩云金龙妆花纱袷袍

故宫博物院藏

栀子黄色在家居空间中的运用

1
○ C0 M0 Y0 K0 　　● C70 M51 Y97 K0
● C21 M31 Y81 K0

与邻近色搭配： 卧室背景墙选择了简洁、明亮的白色，给人以清新、舒适的感觉。栀子黄色作为点缀色出现在盖毯中，为空间增添了一分明亮感。地毯和装饰画等软装中运用了大量的草绿色，与栀子黄色形成了鲜明的对比，同时也与背景墙的白色相得益彰，营造出一个自然、和谐的空间氛围。

2
○ C0 M0 Y0 K0 　　● C31 M38 Y42 K1
● C53 M51 Y40 K0 　　● C23 M31 Y84 K0
● C0 M0 Y0 K100

作为配角色： 在以白色和木色为主色的空间中，加入栀子黄色做配角色，营造出明媚又活泼的卧室氛围。

3
○ C0 M0 Y0 K0 　　● C26 M31 Y85 K0
● C56 M76 Y27 K0 　　● C47 M92 Y100 K19
● C46 M42 Y44 K0 　　● C89 M75 Y26 K0

与互补色搭配： 紫色座椅和栀子黄色为主色的装饰画，其色彩形成互补色搭配，营造出具有活力的空间氛围。少量红色、灰色、蓝色等颜色的出现则起到了丰富空间层次和增强视觉吸引力的作用。为了避免空间配色的冲突感过于强烈，墙面运用了白色来统一配色。

4
○ C0 M0 Y0 K0 　　● C44 M53 Y70 K0
● C25 M30 Y85 K0 　　● C42 M50 Y47 K0

作为点缀色： 卧室中的墙面及睡床均选择了白色，搭配暖褐色的地面，令空间的整体色彩搭配简洁而温馨。墙面中以栀子黄色为主色的装饰画打破了原本平淡的配色关系，丰富了空间的配色层次。

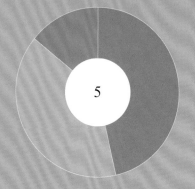

5

○ C48 M50 Y69 K0
○ C25 M30 Y83 K0
○ C69 M34 Y45 K0

与对比色搭配: 卧室以暖褐色来营
造稳定又质朴的氛围, 再用具有活
力的栀子黄色来丰富配色层次, 两
种色彩都具有暖意, 因此搭配恰当。
蓝色的出现令整体配色有了跳跃感,
但由于对面积进行了控制, 因此不会
显得突兀。

黄檗色

C24
M47
Y78
K0

来源: 黄檗色又称"黄不老"。黄檗树皮作为黄色染料,染黄历史悠久。"黄不老"为"黄檗"音转,"不老"读作一个音,典故出自元代散曲家刘时中的套曲:"剥榆树餐,挑野菜尝。吃黄不老胜如熊掌,蕨根粉以代糇粮。"

解析: 黄檗色中带有一定量的棕色调,因此产生了一些厚重感。在室内设计中,黄檗色在不同的光线环境下会呈现出不同的效果。例如,在自然光下,黄檗色会显得温暖、自然;在人工光源下,黄檗色则可能会显得有些暗淡。

中国传统服饰中的黄檗色

清代康熙
金龙妆花纱男朝袍

故宫博物院藏

黄檗色在家居空间中的运用

① ○ C0 M0 Y0 K0 ● C20 M44 Y84 K0
● C86 M47 Y81 K22 ● C0 M0 Y0 K100
● C84 M47 Y17 K0

作为主角色: 厨房地柜为黄檗色,地面则为墨绿色,邻近色的搭配营造出色彩层次丰富的空间氛围。少量蓝色调出现在装饰物中,与黄色和绿色形成了鲜明的对比,增强了整个空间的视觉冲击力。

② ○ C0 M0 Y0 K0 ● C34 M32 Y32 K0
● C55 M64 Y72 K10 ● C21 M47 Y82 K0

作为点缀色: 白色作为厨房的主色,以绝对的面积优势提亮了整个空间。柔和的木色家具与白色搭配和谐,而温暖的黄檗色为空间注入了一丝明亮和活力。这种色彩搭配关系既简洁又温馨,营造出一个舒适而富有生活气息的厨房空间。

③ ○ C0 M0 Y0 K0 ● C41 M47 Y52 K0
● C27 M28 Y29 K0 ● C21 M47 Y91 K0
● C0 M0 Y0 K100

作为点缀色: 客厅以白色为主色,大幅增强了空间的通透感,木色出现在地板和家具中带来温馨的气息,黄檗色的抱枕和沙发盖巾成为点睛之笔,令空间配色更富层次感。少量黑色则令空间配色显得更加稳定。

④ ○ C0 M0 Y0 K0 ● C45 M40 Y36 K0
● C51 M65 Y73 K8 ● C20 M48 Y87 K0
● C15 M27 Y58 K0

作为点缀色: 大面积的白色奠定了整个空间明亮、清爽的基调。黄檗色作为跳色,打破了白色的单一性,给人带来活泼的视觉感受。再加入金色装饰物以及绿植等元素,体现出空间的高雅与自然特性。

第三章 黄色系 权威、尊贵的皇家之色

秋香色

C38
M45
Y77
K0

来源： 秋香色据分析是从"缃叶黄色"演化而来，缃是桑叶初生的浅黄色，而"缃"与"香"同音。秋香色则是将秋天的深浓之意融入"缃色"之中。

解析： 秋香色是浓郁一些的黄绿色。在室内设计中，秋香色可以用于诸多位置，如墙面、家具、纺织品中等。另外，在选择室内材质时，需要考虑材质的质感和色彩的搭配，以营造出协调、统一的效果。

中国传统画中的秋香色

清代 佚名
道光帝喜溢秋庭图轴（局部）

故宫博物院藏

秋香色在家居空间中的运用

1

● C34 M40 Y79 K0　　● C24 M55 Y60 K0
○ C0 M0 Y0 K0　　● C59 M58 Y91 K12

作为背景色： 由于秋香色的纯度相对较低，即使大面积用于墙面，也不会显得过于刺激。再搭配同类色——灰橙色，令整个空间的色彩层次更加丰富，营造出一种柔和、自然的氛围。

2

○ C0 M0 Y0 K0　　● C26 M25 Y27 K0
● C62 M75 Y92 K40　　● C36 M46 Y83 K0

作为主角色： 在这个空间中，大量的木色被运用其中，营造出一种自然、温暖的氛围。同时，秋香色也被巧妙地运用在软装的配色中。由于这两种色彩在色调上有所关联，它们的搭配使得整个空间的配色显得和谐统一，整体感强。

3

● C51 M64 Y71 K6　　● C66 M74 Y82 K42
● C33 M40 Y78 K0　　● C45 M40 Y35 K0
● C0 M0 Y0 K100

作为主角色： 该空间的色彩搭配极其艺术感。红砖墙与黑色为主色的装饰画形成了鲜明的色彩对比，产生强烈的视觉冲击力。沙发上的秋香色作为主角色，与装饰画中的少量黄色搭配，共同为空间注入了一丝暖意。

柿黄色

C30
M45
Y95
K0

来源：柿黄色是中国传统色彩之一，以成熟柿子的颜色作为一种色彩。此外，因其恰似日光照耀下的黄河水，熠熠生辉，又如黄河琉璃般晶莹剔透，故也有"黄河琉璃"的雅称。故宫中的琉璃瓦便是此种色彩。

解析：柿黄色是一种呈黄偏红的颜色，饱满、浓郁。在室内空间的配色设计中，柿黄色可以作为主色或辅助色使用。但在使用柿黄色时，需要注意色彩的搭配比例和使用场合，以确保整个空间的色彩搭配协调、舒适。

中国传统画中的柿黄色

清代 陈枚
山水楼阁图（其一）

故宫博物院藏

柿黄色在家居空间中的运用

1
● C46 M36 Y49 K0　○ C0 M0 Y0 K0
● C45 M53 Y90 K0

与邻近色搭配：在法式风格的客厅中，墙面色彩为灰绿色，加之圆润的造型，营造出一种优雅而复古的氛围。布艺沙发上的柿黄色与墙面的灰绿色形成了色彩对比，同时又与木色边几的色彩相互呼应，令整个空间的色彩搭配和谐中又充满了变化。

2
● C20 M16 Y17 K0　● C44 M43 Y46 K0
● C71 M80 Y94 K62　● C39 M48 Y91 K0
● C25 M36 Y53 K0

作为点缀色：空间的主色萦绕在不同明度的灰色之中，营造出一种低调而优雅的氛围。柿黄色单人座椅和抱枕的出现，犹如画龙点睛之笔，为整个空间增添了一抹亮丽的色彩。这种色彩搭配巧妙地运用了色彩的明度对比和色彩层次原理，使空间的配色丰富而生动。

3
● C0 M0 Y0 K100　○ C0 M0 Y0 K0
● C26 M69 Y49 K0　● C40 M50 Y82 K0

与中差色搭配：在以黑色为主色的空间中，加入柿黄色和胭脂粉色，形成了强烈的色彩对比。柿黄色的明亮和胭脂粉色的娇媚相互映衬，打破了黑色的沉闷，为空间带来了活力与生气。

4
○ C0 M0 Y0 K0　● C56 M62 Y66 K8
● C38 M45 Y84 K0　● C65 M63 Y73 K18
● C93 M75 Y29 K0

作为主角色：柿黄色的沙发作为空间中的主角色，令原本平淡的空间配色变得生动起来。它与白色的背景墙拉开了视觉层次，同时又与地面中的深木色产生了色彩呼应，营造出和谐而富有层次的色彩氛围。

"绿"字出现较晚，在"绿"字出现之前，"绿"的表达由"蓝"承担，包含在"青"中。后来人们发现可将蓝、黄染料分层次染出绿色，但过程复杂，色相难控，中国古代染织中的绿色因此呈现出丰富、微妙的特点。古代与绿色相关的名称多源于自然植物或矿物的绿色，如柳绿色、翠绿色、石绿色等，让人容易联想到不同深浅程度的绿色。

绿色系

丰富、微妙的自然之色

山岚色
C32
M10
Y31
K0

来源： 大雨将至时，山间雾气缭绕的绿色被称为"山岚色"。清代诗人薛时雨曾在《浣溪沙》一词中写道："江水湾湾漾碧波，山岚冉冉映青螺。"可见这是一种清新的迷人之色。

解析： 山岚色是一种加入了大量白色的绿色调，它的色彩清新、柔和，给人一种自然、舒适的感觉。在室内空间的配色设计中，山岚色非常适合营造优雅、知性的空间氛围。

中国传统画中的山岚色

明代 仇英　　故宫博物院藏
莲溪鱼隐图

山岚色在家居空间中的运用

1　● C30 M11 Y25 K0　　● C25 M31 Y46 K0
　　○ C0 M0 Y0 K0

作为主角色： 厨房的色彩搭配简洁而不失清雅之感。橱柜的山岚色占据了大面积的配色，再加入柔和的浅木色作为辅助色，与山岚色相互映衬，令空间的色彩具有了对比性，使得整个空间的色彩变得丰富、生动。

2　○ C0 M0 Y0 K0　　● C32 M12 Y33 K0
　　● C25 M27 Y33 K0　　● C56 M55 Y65 K16

作为背景色： 将淡雅的山岚色作为卧室背景墙的色彩，能够营造出清新、柔和的空间氛围。与白色搭配，可突出空间明亮、舒适的感觉。再用灰色调整，可为整个空间的配色增添节奏感，令人感觉非常舒服。

3　● C31 M12 Y31 K0　　● C21 M32 Y75 K0
　　○ C0 M0 Y0 K0　　● C42 M44 Y60 K0

与邻近色搭配： 将清淡的山岚色作为背景色大面积运用时，让人有了可以自由呼吸的空间，再结合热情洋溢的黄色，营造出充满生机、童趣的空间氛围。

4　● C30 M11 Y28 K0　　● C21 M16 Y16 K0
　　○ C0 M0 Y0 K0　　● C76 M58 Y58 K9
　　● C0 M0 Y0 K100　　● C19 M42 Y59 K0
　　● C22 M38 Y28 K0

与同相色搭配： 客厅墙面的配色以山岚色为主色，搭配白色，形成了一种清新的色彩氛围。灰白色的沙发与白色的背景墙相互映衬，使得整个空间更显简洁明亮。局部点缀的黑色与蓝绿色则为空间增添了一些沉稳和深邃感，同时也丰富了空间的色彩层次。

来源：沧浪色多指水色。《孟子·离娄上》中云："沧浪之水清兮，可以濯我缨；沧浪之水浊兮，可以濯我足。"表达了一种处世的哲学。

解析：沧浪色是一种青绿色调的颜色，清新明亮，充满生机。在室内空间配色设计中，沧浪色可与多种颜色搭配，营造不同氛围和风格。若想获得自然清新的效果，可搭配白色、米色等浅色系的颜色；若要沉稳大气，可搭配深灰色、深蓝色等深色系的颜色。

中国传统画中的沧浪色

清代 冷枚
春阁倦读图
天津博物馆藏

沧浪色在家居空间中的运用

1
○ C0 M0 Y0 K0 　　● C18 M26 Y37 K0
● C37 M16 Y27 K0

作为主角色：厨房墙面为白色，提供了明亮而纯净的背景色彩，沧浪色的橱柜则为空间带来清新与活力。同时地板的木色与橱柜的沧浪色形成有自然感的配色，体现了自然与环保的理念。

2
○ C0 M0 Y0 K0 　　● C37 M13 Y29 K0
● C21 M25 Y28 K0

作为背景色：沧浪色作为卧室背景墙的色彩，与木色地板搭配，能够营造出清新、自然的空间氛围。再用纯净的白色与两色搭配，令整个空间的配色更加舒适、明亮。

3
● C27 M31 Y40 K0 　　○ C9 M7 Y7 K0
● C36 M20 Y25 K0 　　● C61 M57 Y57 K3

作为背景色：将沧浪色用于餐厅天花板的配色中，十分富有新意，不仅为餐厅增添了一抹生机与活力。同时还起到了平衡空间色温的作用，令整个餐厅环境更加舒适宜人。

4
● C41 M20 Y31 K0 　　○ C15 M13 Y15 K0
● C31 M30 Y34 K0

作为背景色：沧浪色叠加云朵纹样的壁纸，不仅为儿童房营造出自然、清新感，还给人带来舒适、放松的感觉。另外，木色作为辅助色，用于房子造型的书柜中，与沧浪色形成对比，增强了空间的层次感。

第四章　绿色系　丰富、微妙的自然之色

翠涛色

C60
M42
Y55
K0

来源：翠涛色来源于一种酒的颜色。唐太宗李世民有诗云：醽醁胜兰生，翠涛过玉薤，此外，在传统诗词中也有"碧瑶杯重翠涛深，笑领飞琼语"的吟诵。

解析：翠涛色是一种略灰的绿色，宁静、典雅、稳重。在室内设计中，翠涛色能够营造出一种自然、和谐且充满生机的氛围，不仅能为居住者带来宁静、典雅的居住体验，还能凸显空间的品质与品位。

中国传统画中的翠涛色

明代 唐寅　　故宫博物院藏
王蜀宫妓图

翠涛色在家居空间中的运用

① 　○ C0 M0 Y0 K0　　● C58 M35 Y55 K0
　　● C20 M17 Y79 K0　● C94 M74 Y46 K8

与邻近色搭配：翠涛色的护墙板为空间带来了清新气息，与白色墙壁形成了柔和的对比。顶面的黄色点缀则巧妙地打破了单调，为房间增添了活力。

② 　● C55 M31 Y52 K15　● C48 M54 Y62 K0
　　○ C0 M0 Y0 K0　　　● C59 M28 Y22 K8

作为主角色：将柔和的翠涛色应用于空间能够增强淡雅、精美的感觉。再搭配明度适中的木色，整个空间被塑造得文艺又舒适。

③ 　○ C0 M0 Y0 K0　　　● C0 M0 Y0 K100
　　● C39 M49 Y59 K0　● C56 M40 Y53 K0

作为点缀色：利用饱和度较低的翠涛色和黑色进行搭配，可以形成一种沉静而淡然的氛围，再利用褐色和白色进行过渡、衔接，既弱化了黑色的沉重感，又激发出绿色的自然气息，整个餐厅的配色变得文艺又高级。

④ 　● C56 M36 Y54 K0　● C45 M76 Y98 K10
　　● C42 M47 Y56 K0　● C78 M58 Y100 K29

作为背景色：翠涛色的墙面为空间带来了宁静与清新的氛围，与黄棕色的家具形成了温暖而舒适的对比。绿色植物的点缀则增添了空间的生机与活力，整个卧室配色既协调又富有层次感，营造出宜人的休息环境。

青梅色

C71
M49
Y72
K11

来源：青梅色是指梅子青时的颜色，透过这个色彩，仿佛可以嗅到空气中弥散开来的微微青涩的梅子的清香。宋代词人晏殊在《诉衷情》一词中写道："青梅煮酒斗时新，天气欲残春。东城南陌花下，逢著意中人。"

解析：青梅色是一种略带雾感的青绿色，好像梅子还没熟时的那层白霜。在室内设计中，青梅色非常适合与白色、浅木色、灰色等色调搭配，可以营造出清新、简约的室内环境。这种风格注重自然元素的运用，如木质家具、绿色植物等，与青梅色的清新气息相得益彰。

中国传统画中的青梅色

明代 仇英　　　　　　　　天津博物馆藏
桃源仙境图（局部）

青梅色在家居空间中的运用

● C65 M40 Y60 K0　　○ C0 M0 Y0 K0
● C28 M46 Y69 K0

作为背景色：空间以大面积的青梅色作为墙面背景色，展现出一种深邃而沉静的氛围。青梅色作为中性色，为整个空间提供了稳定的基调，同时与其他色彩形成和谐的对比。

○ C0 M0 Y0 K0　　● C63 M40 Y60 K5
● C39 M61 Y79 K1

作为背景色：青梅色与暖褐色的组合具有朴素、放松的自然感，能够使人感到安定、祥和。大面积白色的加入则令空间显得更加明亮。

○ C0 M0 Y0 K0　　● C68 M47 Y67 K3
● C24 M20 Y20 K0　　● C42 M64 Y78 K2

与中差色搭配：整面墙的青梅色定制柜与琥珀色的沙发形成了鲜明的色彩对比。地毯上的灰色作为中性色，巧妙地调和了色彩搭配，为整个空间增添了一抹稳重与和谐。

● C26 M27 Y24 K0　　● C65 M42 Y63 K0
● C76 M53 Y51 K2

与邻近色搭配：蓝绿色的墙面与青梅色的沙发相互呼应，形成了清新而宁静的空间氛围。米灰色地面的出现，增强了整体色彩的层次感与协调性，令客厅的整体配色既舒适宜人，又不失高雅气质。

苍绿色

C83
M60
Y80
K31

来源： 苍字在古汉语中属于颜色名词。《说文解字》中注释为"苍，草的颜色"。清代段玉裁在为《说文解字》注释时，则写道："引申为凡青黑色之称。"因此，苍绿色可以看作一种深暗的草绿色。

解析： 苍绿色是一种深且黯淡的绿色，常给人一种沉稳、宁静的感觉。在室内空间的运用中，可以选择苍绿色的墙面涂料或墙纸，搭配深色的家具和装饰品，营造出一种复古、典雅的感觉。此外，苍绿色也可以与其他颜色进行搭配，如白色、灰色等，创造出不同的视觉效果。

中国传统器物中的苍绿色

汉代　　　　　　　　　故宫博物院藏
绿釉铺首耳陶壶

苍绿色在家居空间中的运用

1
　○ C0 M0 Y0 K0　　　● C73 M73 Y79 K48
　● C83 M56 Y73 K26

作为主角色： 一体化厨餐厅以白色为背景色，为整个空间提供了明亮且干净的视觉效果。苍绿色的橱柜与深木色的地面相互呼应，营造出自然与温馨的氛围。

2
　○ C0 M0 Y0 K0　　　● C20 M21 Y28 K0
　● C82 M57 Y78 K22　　● C0 M0 Y0 K100

作为主角色： 厨房背景墙选择白色，提供了纯净的基底，使得其他颜色更为突出。橱柜的苍绿色为厨房营造了自然与清新的氛围，与木色的餐桌椅形成了温馨的自然风格。

3
　● C89 M61 Y85 K36　　○ C0 M0 Y0 K0
　● C54 M81 Y90 K29　　● C0 M0 Y0 K100

作为背景色： 将大面积的苍绿色应用于墙面，会营造出一种浓郁又不乏生机的氛围。深绿色与褐色系的颜色具有自然、温馨的属性，非常适宜打造具有生机感的客厅。

$$\frac{1 \mid 2}{3}$$

第四章　绿色系　丰富、微妙的自然之色

墨绿色
C86
M69
Y72
K41

来源：墨绿色在不少古籍文献里有记载，最早见于宋代，而在清代古籍中记载最多。如清《续小五义》第五回中写道："……肖缎子薄底靴子，闪披墨绿色英雄氅。"

解析：墨绿色同样是一种深暗的绿色，比苍绿色更加深浓。此种颜色给人的色彩印象是浓重而沉着的，也是一种极具历史沉淀的颜色，非常适合营造复古且具有一定质感的空间环境。

中国传统服饰中的墨绿色

明代   孔子博物馆藏
墨绿纱织暗花妆花蟒衣

墨绿色在家居空间中的运用

1
● C35 M29 Y33 K0   ● C41 M52 Y67 K0
● C62 M53 Y52 K1   ● C82 M61 Y80 K44

作为点缀色：客厅以灰色护墙板为背景，营造出稳重而高雅的空间氛围。沙发和装饰柜采用更深的灰色，形成色彩上的层次感。墨绿色的布艺软装作为点缀，为整体空间注入了活力和生机。

2
○ C0 M0 Y0 K0   ● C87 M67 Y78 K45
● C36 M70 Y61 K0   ● C50 M95 Y95 K27

与互补色搭配：互补色搭配为卧室带来了视觉冲击。其中，墨绿色营造出沉稳而自然的氛围。祭红色和淡粉红色则为空间注入了热情和活力，与墨绿色形成鲜明对比。

3
● C87 M66 Y76 K41   ● C75 M46 Y91 K6
● C79 M75 Y67 K41   ● C0 M0 Y0 K100
● C28 M28 Y73 K0

与同相色搭配：墨绿色的护墙板与墨绿色单人座椅形成同相色搭配，营造出一种沉静而自然的氛围。墙面中心部位的装饰画则为整体空间注入了一丝生气，其中绿身黄头的鹦鹉成为视线的焦点。

4
● C84 M67 Y73 K50   ● C67 M58 Y55 K9
○ C0 M0 Y0 K0   ● C36 M70 Y90 K1

与中差色搭配：卧室采用了墨绿色的丝绒软包作为墙面材质，搭配金线分割，营造出一种高贵而典雅的氛围。虽然空间的整体色调偏暗，但在其中巧妙地放置了一个橘色抱枕作为点缀，不仅打破了空间的沉闷，还为整个卧室增添了一抹亮色和活力。

　第四章　绿色系　丰富、微妙的自然之色

碧绿色

C65
M7
Y55
K0

来源：碧绿色原本是玉石之色，后引申为与玉色接近的绿色，是一种清雅中不失生机的浪漫之色。古时女子身着的绿色衣裙也被称作"碧罗裙"，由此可见，碧绿色是女子十分钟爱的服饰色彩。

解析：碧绿色是一种鲜艳的青绿色，给人一种清新、自然的感觉。在室内空间中，若将碧绿色作为墙面或家具的色彩，再搭配浅色调软装，可以营造出舒适的居住空间。

中国传统器物中的碧绿色

清代
翠花蝶叶式佩

故宫博物院藏

碧绿色在家居空间中的运用

① ● C61 M7 Y53 K0　● C87 M61 Y62 K18
● C30 M52 Y39 K1　● C49 M5 Y10 K0

作为背景色：碧绿色作为背景色出现在墙面之中，营造出了清新、自然的氛围。红梅色则分散点缀在装饰画和布艺软装中，为空间增添了热烈而活泼的色彩。

② ● C64 M14 Y56 K0　○ C0 M0 Y0 K0
● C79 M73 Y81 K54　● C50 M100 Y100 K31
● C31 M44 Y67 K0

与互补色搭配：空间墙面涂刷白色和碧绿色，斑驳的质感为空间增添了一丝复古与随性。一把绛红色的座椅成为空间中的亮眼点缀，与墙面颜色形成了鲜明对比，提升了空间的活跃度和视觉冲击力。

③ ● C62 M5 Y51 K0　● C31 M51 Y46 K0
● C77 M58 Y94 K28

与互补色搭配：空间色彩以深邃的碧绿色，搭配柔和的红梅色，再用绿色植物作为点缀，进一步丰富了空间色彩，增添了生机与活力。

④ ○ C0 M0 Y0 K0　● C89 M84 Y34 K1
● C63 M1 Y58 K0

与邻近色搭配：碧绿色的餐边柜作为餐厅的焦点，与白色的墙面形成了鲜明的对比，增添了生机与活力。青花蓝色的餐椅则与餐边柜相互呼应，为空间营造了宁静与雅致的氛围。

铜绿色

C71
M32
Y52
K0

来源： 铜绿色为上古青铜器的主要色彩，但实际上它原来的色彩并非如此，而是因为铜长期氧化锈蚀而成。历史上称商周时代为"青铜时代"，这一时代的文化称为"青铜文化"。

解析： 铜绿色是一种带有蓝色调的绿色。在室内设计中，铜绿色可与多种颜色和材质搭配，营造出不同的风格和氛围。例如，与白色搭配可营造出清新、明亮的氛围；与黑色搭配可营造出高贵、典雅的氛围；与木色搭配可营造出自然、温馨的氛围等。

中国传统器物中的铜绿色

商代
商青铜尊

三星堆博物馆藏

铜绿色在家居空间中的运用

1

● C77 M27 Y55 K0   ○ C0 M0 Y0 K0
● C8 M22 Y10 K0

作为背景色 + 主角色： 餐厅以铜绿色作为背景色，餐桌的配色与背景色相同，营造出和谐的整体效果。餐椅则选择了淡粉色，与铜绿色形成了柔和的对比，增添了一丝女性的柔美和浪漫。

2

○ C0 M0 Y0 K0   ● C74 M25 Y53 K0
● C91 M58 Y94 K36   ● C48 M100 Y91 K21
● C100 M87 Y0 K0   ● C47 M52 Y86 K1

作为背景色： 在这个空间中，铜绿色、宝蓝色和绛红色被巧妙地分散配置，形成鲜明的色彩对比。而白色的背景墙作为基底，将各种色彩巧妙地融合在一起，营造出既活泼又和谐的空间氛围。

3

○ C0 M0 Y0 K0   ● C0 M0 Y0 K100
● C71 M32 Y48 K0   ● C12 M18 Y46 K0

作为主角色： 铜绿色的卫浴柜成为卫生间中的视觉焦点，其深沉而鲜活的色调为空间注入了独特的活力。墙面与地面采用了经典的黑白配色，黑色为空间带来沉稳感，白色则起到提亮作用，与铜绿色柜体形成鲜明对比，营造出简约而不失层次感的配色效果。

4

○ C0 M0 Y0 K0   ● C13 M24 Y13 K0
● C78 M33 Y53 K0   ● C65 M26 Y78 K0
● C45 M28 Y82 K0   ● C0 M0 Y0 K100

与互补色搭配： 卫生间墙面上半部分采用了粉色底绿色植物纹样的防水壁纸，下半部分则选用白色带黑线边的通体砖，既保证了墙面的整洁，又在视觉上与上半部分形成了有趣的分割，增加了空间的层次感。而铜绿色的卫浴柜则以其深邃的色调与周围色彩形成了鲜明的对比。

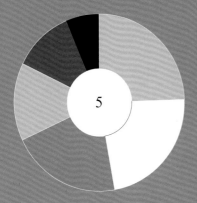

- C21 M27 Y42 K0
- C0 M0 Y0 K0
- C72 M35 Y53 K0
- C35 M23 Y17 K0
- C91 M69 Y25 K0
- C0 M0 Y0 K100

与邻近色搭配：铜绿色被巧妙地运用在墙面上，为整个空间带来了独特的视觉效果，同时宝蓝色作为点缀出现在软装布艺中，如坐垫、盖巾等，与铜绿色形成鲜明对比，增加了空间的活力。地面则采用浅木色，既平衡了空间的整体色彩，又营造了舒适的视觉感受。

第四章　绿色系　丰富、微妙的自然之色

青翠色

C75
M51
Y61
K4

来源: 青翠色在《说文解字》中的解释为: "青羽雀也,出郁林。"在古诗文中,青翠色则常用来形容茂密的山林与层叠的山色,如唐代诗人李白在《寄当涂赵少府炎》中写道: "寒山饶积翠,秀色连州城。"其中的"积翠"二字就是用来形容重叠的青翠景象。

解析: 青翠色是一种色彩柔和平稳、纯度稍淡于翡翠的绿色。在室内设计中,青翠色的运用能够营造一种宁静而舒适的氛围。它既可以作为背景色,大面积地铺陈在墙面、地板或家具上,让整个空间充满自然的气息;也可以作为点缀色,以小面积的形式出现在窗帘、抱枕或装饰画中,为空间增添一抹亮色。

中国传统画中的青翠色

清代 徐扬   辽宁省博物馆藏
姑苏繁华图卷(局部)

青翠色在家居空间中的运用

① ● C74 M52 Y64 K7   ● C65 M69 Y79 K31
   ● C0 M0 Y0 K100

作为背景色: 青翠色的橱柜即使大面积地出现在厨房中,也不显得突兀,搭配棕色地板,营造出自然气息浓郁的烹饪空间。

② ○ C0 M0 Y0 K0   ● C17 M16 Y16 K0
   ● C74 M47 Y65 K4   ● C51 M95 Y91 K28
   ● C59 M62 Y94 K18

与对比色搭配: 客厅中的青翠色墙面成为视觉焦点,为室内注入一抹清新的自然气息。白色的圆润沙发不仅凸显了造型美,更为空间增添了一抹明亮之色。灰色地面砖的稳重感与墙面的活力相得益彰,而红色的点缀巧妙地在绿色背景中跳跃,形成强烈的视觉对比,为整个空间注入了活力与热情。

③ ● C75 M67 Y56 K14   ● C34 M34 Y34 K0
   ● C0 M0 Y0 K100   ● C76 M51 Y69 K4

作为主角色: 橱柜色彩以灰色和木色为主,为空间营造了一种沉稳而自然的氛围。地面采用黑色,虽然使空间色彩略显沉闷,但也为其他色彩的引入提供了良好的对比基础。青翠色餐椅的出现,为整个空间注入了活力与生机,打破了原有的沉闷感,使得空间的色彩更加丰富。

④ ○ C0 M0 Y0 K0   ● C56 M44 Y37 K0
   ● C76 M50 Y63 K10   ● C47 M49 Y55 K0

作为背景色: 灰色的卫浴柜与青翠色的墙面相搭配,再用少量金色元素做点缀,使空间的精致感展露无遗。

第四章　绿色系　丰富、微妙的自然之色

松绿色
C90
M54
Y100
K25

来源： 松绿色是来源于松柏叶的颜色，旧时常为衣帛之色。高档面料"软烟罗"由于受染色工艺的制约，仅有的四种颜色中就有"松绿"，很受推崇。

解析： 松绿色是一种略带有黑色调的深绿色，既有着绿色的生机与活力，又融入了黑色的神秘与深邃，可以为家居空间带来别样的风情。

中国传统画中的松绿色

清代 王翚 王时敏
仿古山水图－桃花春水

美国大都会艺术
博物馆藏

松绿色在家居空间中的运用

1

○ C0 M0 Y0 K0　　● C90 M51 Y100 K24
● C49 M52 Y65 K1　　● C20 M31 Y71 K0
● C22 M55 Y39 K0

与互补色搭配： 这个开放式的厨餐厅以松绿色橱柜为主角色，奠定了空间的自然感。红梅粉色的餐椅虽在色彩面积上占比不大，但为空间注入了活力与甜美。少量的金色出现在吊灯和细节装饰中，增添了一抹奢华与质感。空间整体配色和谐统一，既有自然的底色，又有活泼的点缀色。

2

○ C0 M0 Y0 K0　　● C26 M36 Y55 K0
● C0 M0 Y0 K100　　● C90 M54 Y100 K26

作为点缀色： 客厅中以白色墙面作为背景，为整个空间奠定了清爽的视觉基础。松绿色的单人沙发虽然面积不大，却足够吸引眼球，与金色的创意墙面装饰以及黑色造型茶几共同强化了空间的艺术氛围。而木色带几何装饰纹样的地毯则为空间引入了自然元素和温暖的触感。

3

○ C0 M0 Y0 K0　　● C16 M29 Y46 K0
● C93 M54 Y93 K21　　● C90 M77 Y43 K6

与邻近色搭配： 客厅以松绿色的墙面为背景，营造了清新、自然的环境氛围。装饰画选择同色系的颜色，既与墙面相融合，又通过金色的线条分割，增添了层次感和现代感。靛蓝色的单人座椅和沙发盖巾，巧妙地出现在空间中，与绿色形成了和谐而富有对比的配色，使整个客厅的色彩更加富有变化。

石绿色

C70
M52
Y76
K9

来源: 石绿是由孔雀石研磨而出的色彩,色泽近孔雀羽毛中的绿色,是中国绘画中的传统色之一。

解析: 从色彩学的角度来看,石绿色由黄色和青色混合而成,且带有灰色调。在室内设计中,石绿色的运用可以带来一种自然、和谐与宁静的氛围。这种颜色能够让人联想到大自然,如森林、草地等,因此可以为室内空间增添一分生机与活力。

中国传统画中的石绿色

宋代 王希孟
千里江山图(局部)

故宫博物院藏

石绿色在家居空间中的运用

1

- C52 M44 Y44 K0
- C82 M40 Y35 K0
- C31 M47 Y78 K0
- C65 M45 Y80 K18
- C0 M0 Y0 K100
- C33 M65 Y64 K0

与邻近色搭配: 客厅中的灰色背景墙为整个环境奠定了沉稳而中性的基调。石绿色的地毯带有粉色花纹,为地面带来了一种自然与活力的对比,既丰富了视觉层次,又显得和谐统一。蓝底的人物装饰画引人注目,其深邃的蓝色与背景墙的灰色形成了良好的呼应,同时画中的人物与地毯上的粉色花纹形成了色彩上的互动,渲染了空间的艺术氛围。

2

- C0 M0 Y0 K0
- C79 M75 Y78 K54
- C46 M47 Y51 K0
- C73 M54 Y80 K11

作为点缀色: 在干净的以白色系颜色为主色的客厅中,加入石绿色作为点缀色,营造出悠然、放松的氛围。地面铺设的亚麻色地毯则加强了空间的自然气息。

3

- C69 M54 Y82 K12
- C21 M31 Y30 K0
- C55 M40 Y63 K0
- C20 M19 Y23 K0

与互补色搭配: 轻柔的粉色与鲜艳的石绿色相搭配,给人一种轻快、怡人的视觉感受。将这样的色彩组合运用到卫生间的配色中,可以令人的心情随之放松。

4

- C0 M0 Y0 K0
- C69 M51 Y80 K9
- C27 M26 Y28 K0
- C56 M74 Y83 K26

作为主角色: 客厅中的白色背景墙如一幅纯净的画布,为整个空间奠定了明亮而宁静的基调。而石绿色的丝绒沙发,其深邃的色调与细腻的材质形成了独特的对比,既为客厅增添了奢华与优雅的气息,又通过其柔软舒适的触感为空间注入了温暖与亲近感。

苹果绿色

C53
M29
Y85
K0

来源： 苹果绿色因颜色接近新鲜的青苹果而得名，这种色彩也是古代织物中的常见色。

解析： 苹果绿色属于偏浅一点的绿色，其呈色清新可人，生机盎然。在室内空间中，苹果绿色无论是作为墙面，还是家具的颜色，都能为室内环境带来一股清新气息。这种颜色既能营造出一种轻松、舒适的氛围，又不失优雅与品位，是现代家居设计中备受推崇的色彩之一。

中国传统服饰中的苹果绿色

清代光绪
绿色缂丝子孙万代蝶纹棉衬衣

故宫博物院藏

苹果绿色在家居空间中的运用

1

○ C0 M0 Y0 K0 　　● C36 M34 Y35 K0
● C49 M25 Y79 K0 　● C48 M58 Y75 K3

作为背景色： 苹果绿色被用作卫生间墙面的主要色彩，带来浓郁的清新感。同时，木色的卫浴柜与绿色墙面形成了和谐统一的整体，增添了一种自然与温馨的质感。这种配色不仅突出了卫生间的舒适感，还展现了环保与简约的生活理念。

2

● C0 M0 Y0 K100 　● C46 M35 Y42 K1
● C20 M23 Y37 K0 　○ C0 M0 Y0 K0
● C55 M24 Y88 K0

作为点缀色： 厨房的黑色墙面为整体空间带来了稳重而神秘的基调。木色橱柜则为空间带来自然与温暖的质感，与黑色墙面形成鲜明的对比。苹果绿色的吧台椅作为点缀色出现，为空间注入了活力与清新的气息，与黑色和木色形成了有趣的色彩碰撞。

3

○ C0 M0 Y0 K0 　　● C47 M28 Y80 K0
● C28 M40 Y51 K0 　● C36 M28 Y27 K0

作为背景色： 以清雅的苹果绿色作为墙面背景色，令客厅仿若拥有了春天萌动的气息，带给人一种新鲜感。搭配的木色质朴、温润，同样展现了空间的自然美。

葱绿色

C49
M31
Y95
K0

来源：葱绿色是来自草木苍翠初盛时的色彩。作为色彩名称在唐诗宋词中略有反映，较多出现于清代的服饰中，如《红楼梦》第七十回中写道："那晴雯只穿着葱绿杭绸小袄，红绸子小衣儿……"

解析：葱绿色是一种浅绿中又略显微黄的颜色，有着清丽、恬静的色彩感觉。在室内设计中，葱绿色可以作为墙面的主色调，将整个空间装点得如同置身于一片葱翠的森林之中。同时，葱绿色也可以用于家具、窗帘、地毯等软装中，为室内空间增添一分绿意与生机。

中国传统服饰中的葱绿色

清代乾隆　　　　　　故宫博物院藏
葱绿八团云蝠妆花缎女夹袍

葱绿色在家居空间中的运用

1
- C44 M29 Y86 K0
- C47 M16 Y27 K0
- C70 M73 Y83 K48
- C0 M0 Y0 K0
- C34 M84 Y80 K1
- C2 M55 Y90 K0

作为主角色：葱绿色的橱柜与色彩斑斓的墙砖形成了鲜明的对比，而黑白格地砖则增加了色彩层次，使整个厨房的配色更加丰富。这种配色方法既能突出橱柜的主体地位，又能让墙砖和地砖相互映衬，营造出一个活泼而不失和谐的厨房空间。

2
- C44 M26 Y82 K0
- C0 M0 Y0 K0
- C47 M57 Y70 K1
- C69 M67 Y64 K20

作为主角色：葱绿色沙发作为客厅的主角，占据了绝对的视觉位置，为整个空间注入了自然之感。少量灰黑色的抱枕随意地摆放在沙发上，不仅为空间增添了一抹神秘与优雅，也巧妙地平衡了整体的色彩比例。深木色的门和吊顶与绿色的沙发形成了温暖而和谐的对比。

3
- C0 M0 Y0 K0
- C31 M41 Y65 K0
- C47 M26 Y90 K0
- C34 M100 Y100 K1

作为主角色：葱绿色的橱柜，搭配暖木色的置物架，给厨房带来清新、自然的气息。地砖中的红色则与葱绿色形成互补色搭配，强化了空间的活力。白色作为背景色不仅令空间显得干净、明亮，还减弱了互补色带来的刺激感。

艾绿色
C58
M49
Y69
K2

来源：艾绿色是指艾草的颜色。艾草早在《诗经》中就有记载："彼采艾兮！一日不见，如三岁兮！"艾绿色不仅是古瓷中的一种釉色专称，还是丝染布帛中的常用色。

解析：艾绿色是一种绿中偏苍白的自然色泽。在室内设计中，艾绿色还具有一定的心理暗示作用。它能带给人一种宁静、平和的感觉，有助于缓解紧张情绪、舒缓压力。因此，在卧室、书房等氛围安静的空间中，艾绿色的运用尤为适宜。

———

中国传统器物中的艾绿色

辽代
三彩划花龙纹盘

故宫博物院藏

艾绿色在家居空间中的运用

1
○ C0 M0 Y0 K0　　　　● C21 M16 Y14 K0
● C56 M47 Y69 K4　　 ● C0 M0 Y0 K100
● C38 M56 Y43 K0

作为背景色：餐厅以白色为主色调，营造出明亮的环境氛围。墙面中的艾绿色鱼鳞状瓷砖与白色墙壁形成鲜明对比，带来视觉上的生动感。粉色和白色餐椅的巧妙搭配，既保持了整体色调的和谐，又通过粉色椅子的点缀，为空间增添了一抹柔美的色彩。

2
○ C0 M0 Y0 K0　　　　● C30 M28 Y27 K0
● C64 M66 Y68 K18　 ● C76 M71 Y70 K37
● C57 M50 Y72 K5

作为点缀色：卧室中以白色墙壁和灰色窗帘进行搭配，营造出简洁而优雅的基调。艾绿色的床品则为空间增添了自然的生机，且与白色和灰色形成了和谐的色彩搭配。这种配色既保持了空间色调的和谐统一，又通过床品的点缀增加了空间的层次感和温馨感。

3
○ C0 M0 Y0 K0　　　　● C22 M17 Y13 K0
● C57 M48 Y73 K2　　 ● C0 M0 Y0 K100
● C51 M92 Y74 K21

作为主角色：在这个现代感十足的客厅中，白色作为空间背景色，为整个空间奠定了明亮而清新的基调。艾绿色的沙发则为空间注入了自然的生机与活力。少量红色和黑色的点缀，不仅增强了视觉上的丰富性，还与艾绿色的沙发形成了和谐的色彩搭配。

在中国传统色彩文化中，最初用"青"表示"蓝"，之后逐渐由"青蓝"向"蓝"过渡。在唐代以前，"蓝"多以植物名出现，直到汉代才偶尔有颜色意义，唐宋时期逐渐增多。因此，"蓝"经历了从植物名到颜色意义的漫长演变，成为中国传统色彩文化的重要组成部分。

蓝色系

清爽、怡人的雅致之色

天青色

C26
M14
Y15
K0

来源： 天青色清澈却不张扬，相传是"柴瓷"的代表色，周世宗柴荣曾云"雨过天青云破处，这般颜色作将来"，但现如今柴瓷传世极少。所幸的是，宋徽宗赵佶也非常青睐这一色彩，并将其在汝窑中发扬光大。

解析： 天青色是一种青中带蓝的颜色，且带有大量的白色调。在室内设计中，天青色尤其适合作为主色调，以营造出宁静、舒适的空间氛围，使人仿佛置身于自然之中，感受到清新的空气和宁静的气息。

中国传统器物中的天青色

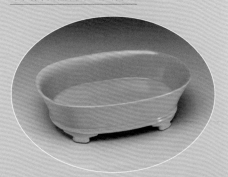

宋代 汝窑
水仙盆

台北故宫博物院藏

天青色在家居空间中的运用

1　○ C30 M17 Y18 K0　　● C27 M20 Y21 K0
　　● C30 M17 Y18 K0　　● C61 M34 Y34 K0

与同相色搭配： 天青色的橱柜令原本燥热的厨房变得清爽起来，地砖中的蓝色比天青色略深，不仅丰富了配色，也加强了空间配色的稳定感。

2　● C33 M19 Y19 K0　　● C65 M44 Y37 K0
　　● C66 M48 Y50 K0　　● C32 M41 Y22 K0

与对比色搭配： 天青色与桃粉色的碰撞，既有澄澈感，又有甜美感，将居室仿佛营造成一个年少青春时期的梦，美得令人沉醉。

3　● C33 M18 Y20 K0　　● C43 M49 Y51 K0
　　● C63 M48 Y78 K4　　● C0 M0 Y0 K100

与同类色搭配： 当天青色作为空间中的背景色时，令高挑空的空间显得更加通透、明亮。当墨绿色的沙发出现在此空间中时，同类色相互搭配，既和谐，又具有色彩的律动感。

4　● C31 M16 Y21 K0　　○ C0 M0 Y0 K0
　　● C24 M27 Y26 K0　　● C95 M56 Y58 K11
　　● C44 M69 Y55 K1

作为背景色： 天青色的背景墙给人带来清新、淡雅的视觉感受，与白色搭配最易营造令人心旷神怡的家居环境。

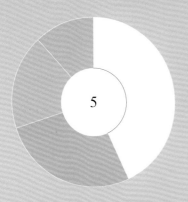

● C0 M0 Y0 K0　　● C23 M31 Y37 K0
● C32 M19 Y22 K0　● C22 M27 Y24 K0

作为背景色： 将明度较高的天青色
搭配白色使用，可以轻松打造出一个
清爽、洁净的餐厅，再加入柔和的橡
皮粉，整个餐厅的配色轻柔又温和，
还带有淡淡的文艺气息。

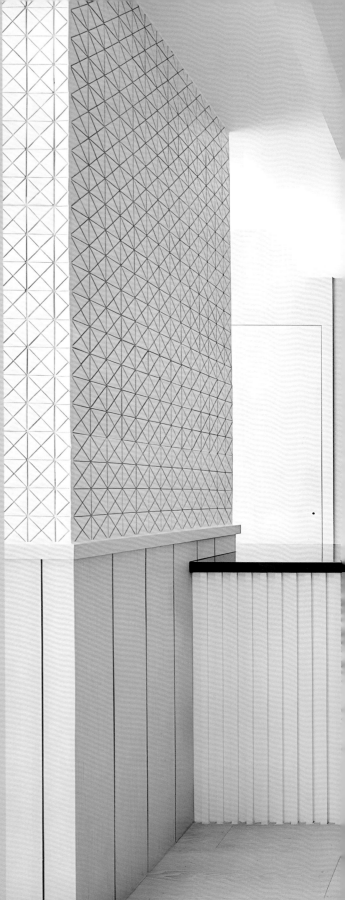

窈蓝色

C47
M23
Y11
K0

来源： "窈"是借的意思，窈蓝色是指借秋天晴空的一点蓝。出自《尔雅》："春扈，鸧鹒。夏扈，窈玄。秋扈，窈蓝。冬扈，窈黄。"

解析： 窈蓝色属于浅蓝色系，充满了沉静、典雅与深邃的美感。在室内设计中，窈蓝色既可以作为背景色，营造整体空间的淡雅与和谐；也可以作为点缀色，为空间增添一抹亮色，增强空间的层次感与视觉效果。

中国传统器物中的窈蓝色

清代乾隆　　　　　台北故宫博物院藏
珐琅彩蓝地剔花缠枝花卉茶碗

窈蓝色在家居空间中的运用

① ● C42 M22 Y13 K0　● C93 M84 Y25 K0
　 ● C20 M28 Y36 K0　● C33 M53 Y90 K0

与同相色搭配： 窈蓝色的背景墙奠定了空间中的色彩基调，营造出宁静而深邃的氛围。雾蓝色的沙发和沙发凳与墙面色彩相协调，又不失层次感。金色装饰品点缀其中，提升了整体空间的质感和档次，彰显了居住者的品位与格调。

② ● C35 M37 Y38 K0　● C51 M23 Y13 K0
　 ● C50 M77 Y82 K17　○ C0 M0 Y0 K0

作为背景色： 客厅墙面采用窈蓝色，营造出宁静、清新的氛围；餐厅墙面则选用木色，增添自然、温暖的触感。暖棕色的皮质沙发不仅与整体色调相协调，更提升了空间的质感与品位。

③ ● C42 M18 Y7 K0　● C36 M56 Y75 K0
　 ○ C0 M0 Y0 K0

作为背景色： 大面积的窈蓝色虽然能营造清新的氛围，但冷色的占比较大，难免会令空间显得清冷。本方案在配色中加入了暖褐色，中和了一部分蓝色带来的冷感，从而打造出具有温馨感和稳定感的清新空间。

④ ○ C0 M0 Y0 K0　● C20 M26 Y28 K0
　 ● C53 M25 Y15 K0　● C74 M59 Y27 K0

与同相色搭配： 以不同明度的窈蓝色和白色组合，给餐厅带来清爽感，营造愉悦的氛围。再将柔和的浅木色应用于餐桌和灯具上，可以减弱窈蓝色的冷硬感。

霁蓝色

C78
M42
Y23
K0

来源： 霁蓝色常指历经大雪风霜后光明晴蓝的天色。唐代诗人祖咏在《终南望余雪》一诗中描述"终南阴岭秀，积雪浮云端。林表明霁色，城中增暮寒"。

解析： 霁蓝色的明度相对略高，给人一种清澈、明净之感。在室内设计中，霁蓝色的运用需要注意光线的影响。适宜的光线照射可以使霁蓝色更加鲜明动人，而过于强烈的光线则可能使其显得刺眼。

中国传统画中的霁蓝色

牡丹竹石图
清代 华岩

天津博物馆藏

霁蓝色在家居空间中的运用

① ● C75 M40 Y20 K0 ○ C20 M14 Y10 K0
● C73 M53 Y57 K4 ● C0 M0 Y0 K100

作为背景色： 将大面积的霁蓝色运用在背景墙中，营造了空间的宁静感。黑色出现在家具和装饰品中，起到稳定空间配色的作用。

② ○ C0 M0 Y0 K0 ○ C25 M23 Y19 K0
● C76 M43 Y22 K0 ● C40 M43 Y44 K0
● C0 M0 Y0 K100

作为背景色： 霁蓝色与木色护墙板相映成趣，营造出既静谧又温暖的卧室氛围。睡床中的霁蓝色床巾与霁蓝色的背景墙相呼应，强化了空间的色彩主题。

③ ○ C0 M0 Y0 K0 ● C21 M18 Y23 K0
● C64 M60 Y64 K10 ● C82 M71 Y42 K4
● C76 M45 Y24 K0

作为点缀色： 大面积霁蓝色与白色的组合可以营造出清新、文雅的氛围。以高明度的米灰色作为主角色可以给人留下轻柔、温和的色彩印象，避免空间过于冷硬，失去舒适感。

④ ○ C0 M0 Y0 K0 ● C54 M46 Y44 K0
● C74 M40 Y16 K0 ● C54 M71 Y78 K17
● C33 M54 Y86 K0

作为背景色： 霁蓝色与白色相间的墙壁，既清新又富有层次感。黄色沙发与灰色地毯的搭配，既鲜明又不失和谐，为空间增添了温馨与活力，凸显了现代家居的时尚与品位。

西子色

C68
M31
Y43
K0

来源： 西子色也称"西湖色"，即西湖水的颜色。在清代小说中，西湖色是流行色，如清代文人文康在《儿女英雄传》中多次提到西湖色，而这本书也是研究清代服饰传统色的绝佳读物。

解析： 西子色清爽中透出一丝柔媚，给人以优雅、柔和的视觉感受。在室内设计中，西子色是营造精致感空间氛围的绝佳用色，无论是大面积运用在墙面，还是小面积地点缀在软装织物中，都是不错的选择。

中国传统器物中的西子色

清代乾隆　　　　　　台北故宫博物院藏
粉彩连年福寿纹蓝地茶壶

西子色在家居空间中的运用

1　○ C0 M0 Y0 K0　● C68 M25 Y36 K0
● C0 M0 Y0 K100

作为背景色： 卧室的配色独具匠心，西子色的墙面与窗帘相映成趣，营造出静谧而优雅的氛围。黑色作为点缀，巧妙地运用于墙面、织物及装饰物中，以增添空间的神秘感。白色的顶面与床品则提亮了空间，带来清爽、明亮之感。

2　○ C0 M0 Y0 K0　● C24 M18 Y18 K0
● C68 M32 Y36 K0　● C52 M59 Y72 K5

作为背景色： 清新感的形成离不开冷色系，而居住空间应以舒适为主要追求。因此，可以将西子色与褐色相结合，既能凸显主体风格，又令客厅不失温和感。

3　● C38 M33 Y36 K0　● C35 M27 Y29 K0
● C70 M31 Y39 K0　● C32 M39 Y54 K0

作为点缀色： 客厅中的主要色彩为米灰色和浅灰色，不同色调的灰色使空间和谐又具有视觉变化，再用少量同样带有灰色调的西子色来丰富空间的色彩，局部点缀金色，这样的配色具有很强的高级感和精致感。

4　○ C0 M0 Y0 K0　● C70 M31 Y39 K0
● C0 M0 Y0 K100　● C50 M72 Y80 K13
● C73 M43 Y23 K0　● C83 M78 Y52 K17

与同类色搭配： 墙面以黑色巧妙分割白色与西子色，营造出现代与古典的交融之美。黑色壁炉庄重而典雅，与青花蓝色和宝蓝色的装饰瓶、装饰画相呼应，为空间增添一抹东方韵味。

孔雀蓝色

C83
M58
Y54
K7

来源: 孔雀蓝色也称"法蓝色",由瓷器釉色得名。《南窑笔记》中曾记载"法蓝、法翠二色,旧惟成窑有,翡翠最佳……其制用涩胎上色,复入窑烧成者。用石末、铜花、牙硝为法翠,加入青料为法蓝"。

解析: 孔雀蓝色中既带有蓝色的沉静,又带有绿色的生机。在室内设计中,孔雀蓝色比较适合作为空间的背景色,用于墙面或吊顶的配色,以使空间更具个性化和艺术感。同时,为了避免空间过于压抑或单调,可以加入一些纹理或图案设计,以增加空间的趣味性和变化性。

中国传统画中的孔雀蓝

岁朝吉祥如意图
清代 陈书

台北故宫博物院藏

孔雀蓝色在家居空间中的运用

1

○ C0 M0 Y0 K0   ● C68 M69 Y63 K19
● C82 M59 Y60 K8   ● C90 M62 Y32 K0
● C80 M59 Y28 K0

作为配角色: 孔雀蓝色的餐椅为空间增添了一抹亮眼的色彩,与天青色、霁蓝色、靛青色交织的地毯相互映衬,营造出既现代又富有艺术感的氛围。

2

● C30 M25 Y25 K0   ● C25 M31 Y46 K0
● C83 M56 Y53 K6

作为主角色: 客厅背景墙为浅灰色,营造出冷静、高雅的空间氛围。电视柜则以浅木色与孔雀蓝色相搭配,既温暖又富有层次感,营造出舒适而现代的氛围。

3

● C81 M55 Y55 K6   ○ C13 M12 Y17 K0
● C41 M44 Y40 K0   ● C48 M100 Y100 K22
● C62 M64 Y93 K23   ● C0 M0 Y0 K100
● C65 M51 Y79 K7   ● C26 M48 Y57 K0

与对比色搭配: 客厅的配色艺术感极强,孔雀蓝色的墙面奠定了空间宁静而高雅的氛围。对比色绛红色巧妙地点缀于抱枕和坐墩之中,既增添了空间活力,又凸显了空间配色的层次感。

4

○ C0 M0 Y0 K0   ● C84 M56 Y51 K4
● C29 M42 Y50 K0

作为背景色: 孔雀蓝色的大量运用为空间营造了沉静而优雅的氛围,与空间中的白色形成鲜明对比,更显清新、自然。浅木色的出现,不仅为空间增添了一抹温馨,还使得空间更具质感与层次感。

室内设计配色手册 中国传统色的应用

来源：石青色是中国传统绘画中的常用色彩之一，这种色彩主要从蓝铜矿石中提炼出来。由于在提炼的过程中，会出现不同色调的蓝色，故在古籍中有"空青""大青"等的区分，最终至明清时期统一称为"石青"。此外，日本江户时代的浮世绘中运用的群青色，也是石青色的别称。

解析：石青色是一种蓝中略带绿的颜色，具有清爽、干净的色彩特征。在室内设计中，若将石青色作为背景色使用，可以为空间奠定明亮、清雅之感，是一种可以大面积使用的颜色。

中国传统画中的石青色

富贵双全图
清代 陈星
山西画院藏

石青色在家居空间中的运用

①
○ C0 M0 Y0 K0　　　　● C53 M86 Y38 K0
● C77 M41 Y33 K0　　　● C40 M14 Y40 K0
● C0 M0 Y0 K100

与邻近色搭配：在这个空间中，白色的背景墙简约大气，石青色的沙发与紫红色的地毯形成了鲜明对比，既体现了色彩的层次感，又营造出现代、时尚的空间氛围。装饰画中的黑色则起到了平衡和稳定整个空间配色的作用。

②
● C70 M42 Y36 K0　　　● C0 M0 Y0 K100
● C47 M39 Y35 K0　　　○ C0 M0 Y0 K0
● C18 M68 Y100 K0

作为背景色：石青色的护墙板与灰色墙面形成鲜明对比，不仅拉开了空间层次，更增添了雅致气息。黑色的点缀强化了空间的稳定性，而橙色的床尾凳则如一抹亮色，为整个空间注入了活力与温暖。

③
○ C0 M0 Y0 K0　　　　● C20 M38 Y28 K0
● C73 M47 Y40 K0　　　● C0 M0 Y0 K100
● C43 M49 Y68 K0

与对比色搭配：如果感觉以白色和粉色为主色的空间过于甜腻，可以用石青色进行调整，这种蓝色带有尊贵感，可以提升空间的格调，若再加入金色点缀，则令整个卧室的配色具有法式浪漫感。

④
○ C5 M4 Y6 K0　　　　● C74 M47 Y40 K0
● C64 M42 Y32 K0　　　● C58 M77 Y79 K30
● C58 M21 Y61 K0　　　● C26 M45 Y38 K0

与邻近色搭配：将石青色、碧绿色和苏枋色搭配在一起，可以营造出清爽又具有活力的餐厅氛围。但在用色时应注意选择灰色调的色彩，因为饱和度过高的多色搭配容易令空间显得过于活泼，丧失清雅、自然的感觉。

柔蓝色

C83
M61
Y51
K6

来源: 柔蓝色也称"揉蓝色"，出自蓝靛制作环节的颜色。唐代诗人卢延让曾生动地记录下这个环节："揉蓝尚带新鲜叶，泼血犹残旧折条。"

解析: 柔蓝色是一种淡雅且柔和的色彩，可以带给人一种清新、自然、宁静的感觉。这种颜色既能够舒缓紧张的情绪，又能增添室内的温馨氛围，因此在室内设计中有着广泛的应用。

中国传统织物中的柔蓝色

清代康熙　　　　　　　故宫博物院藏
蓝色缎金线绣花麒麟图挂屏

柔蓝色在家居空间中的运用

1

● C66 M65 Y66 K18　○ C0 M0 Y0 K0
● C85 M63 Y50 K10　● C0 M0 Y0 K100
● C51 M74 Y89 K17

作为背景色: 空间的配色简约而高雅，柔蓝色的背景墙营造出温馨、舒适的氛围，结合灯带设计，既提升了空间的层次感，又凸显了现代设计的精致感。

2

● C26 M21 Y16 K0　● C81 M61 Y52 K9
● C51 M87 Y89 K25　● C23 M21 Y32 K0
● C0 M0 Y0 K100

与对比色搭配: 客厅背景墙以米灰色为底色，柔蓝色与浅金色的护墙板增添了空间的层次与质感。沙发上柔蓝色的抱枕与背景墙的色彩相呼应，绛红色的茶几则光泽四溢，与整体色调形成鲜明对比，彰显奢华感。

3

● C83 M60 Y49 K5　○ C0 M0 Y0 K0
● C30 M53 Y74 K0　● C62 M55 Y53 K2
● C0 M0 Y0 K100

与对比色搭配: 柔蓝色的卧室护墙板为空间奠定了优雅而宁静的基调，橘色软包睡床则成为视觉焦点，为空间增添一抹温馨与活力。两色相映成趣，既体现了对比与和谐的色彩搭配原则，又营造出舒适宜人的睡眠环境。

靛青色

C82
M65
Y48
K6

来源： 靛青色提炼自一种蓝草，常作为衣服的染料色彩。这种色彩是中国数千年来最为普及的代表色彩之一，也是民间百姓的常见服色。

解析： 靛青色呈现的色泽为深蓝青色，常给人以深沉之感，又因源于自然而带有淡淡的悠远感。在室内设计中，靛青色的运用能够为空间带来独特的氛围和视觉效果。例如，墙面可以选择靛青色的壁纸或涂料，搭配简约的线条和图案，营造出优雅而神秘的室内环境。

中国传统画中的靛青色

宋代 苏汉臣
货郎图

台北故宫博物院藏

靛青色在家居空间中的运用

● C86 M68 Y48 K2　　　● C27 M26 Y28 K0
● C18 M28 Y37 K0　　　● C38 M96 Y90 K4

与对比色搭配： 儿童房的配色独具匠心，靛青色被大面积运用，吊顶、墙面及儿童床均呈现出此色彩，营造出静谧而梦幻的氛围。红色秋千点缀其间，这一抹亮色的出现，令空间变得灵动且富有童趣。

○ C0 M0 Y0 K0　　　● C88 M68 Y48 K6
● C49 M42 Y38 K0　　　● C64 M79 Y71 K37
● C22 M30 Y65 K0

作为背景色： 书架的主色为靛青色，沉稳而深邃。少量黄色点缀其间，如同繁星点缀夜空，既打破了空间的沉闷感，又为空间增添了活力。

○ C0 M0 Y0 K0　　　● C40 M52 Y56 K0
● C80 M60 Y42 K5　　　● C63 M40 Y43 K0

作为配角色： 将靛青色运用在餐椅中作为配角色，再用布艺材质减弱色彩的冷硬感，可以令餐厅的配色既清爽，又不会显得疏离。

● C82 M62 Y42 K4　　　● C52 M30 Y77 K0
○ C0 M0 Y0 K0　　　● C33 M32 Y22 K0

与邻近色搭配： 带有灰色调的靛青色和石绿色，在视觉上给人一种冷静、理性的感觉。将其大面积运用到家居配色中，能使空间的稳定感更强，适合用于男性居住的空间。

琉璃蓝色

C82
M62
Y27
K0

来源： 琉璃蓝色是湛蓝色琉璃的专属色，广泛应用于装饰艺术和古建筑领域，是饰物、建材及屋顶的理想色彩。其深沉稳重的色感，彰显庄重与肃穆。在传统色彩观念中，琉璃蓝是上天威严与崇高的象征。

解析： 琉璃蓝色适合用于现代、简约、新中式等多种室内风格，其深邃的光泽感能完美融入各种设计，展现其独特的魅力。

中国传统画中的琉璃蓝色

清代 陈枚　　　　　　故宫博物院藏
月曼清游图册 – 庭院观花

琉璃蓝色在家居空间中的运用

1
○ C0 M0 Y0 K0　　● C43 M35 Y33 K0
● C64 M55 Y52 K2　● C83 M61 Y22 K0
● C35 M47 Y70 K0

作为主角色： 客厅配色充满现代感与高级感。皮质沙发上的琉璃蓝色作为主角色，独特且亮眼。墙面与地面则以不同明度的灰色为主，奠定沉稳且优雅的基调。金色的吊灯与家具点缀其间，增添奢华感，使空间整体配色更显高贵与典雅。

2
○ C0 M0 Y0 K0　　● C82 M63 Y24 K0
● C58 M65 Y72 K14　● C51 M39 Y30 K0
● C32 M59 Y43 K0

与对比色搭配： 空间的背景色以纯净的白色为主，营造出清新、明亮的氛围。琉璃蓝色巧妙运用于餐椅和茶几之中，为空间增添了一分静谧与优雅。地毯中的蓝色则与家具相呼应，红色作为点缀色，打破单调，增添活力。

3
○ C0 M0 Y0 K0　　● C61 M52 Y49 K0
● C26 M20 Y19 K0　● C81 M57 Y19 K0
● C30 M33 Y57 K0　● C81 M77 Y77 K57

作为配角色： 餐厅配色以无彩色中的白色和灰色为主，营造出简约而优雅的氛围。琉璃蓝色的餐椅成为空间的点睛之笔，其色彩既鲜明又富有艺术感，为整体空间注入了活力。

青花蓝色

C92
M85
Y33
K1

来源： 青花蓝色，即苏麻离青色，是中国瓷器艺术中最著名的一种釉色，其色如宝石般晶莹圆润。蓝色青花瓷最早出现于唐代，至元代时烧瓷工艺达到了巅峰，也因为元代统治者对于蓝色的推崇，青花瓷开创了中国独有的青花瓷艺术的黄金时代。

解析： 青花蓝色适合用于多种室内风格的配色设计，尤其在新中式风格中表现出色。这种风格融合了现代与传统元素，青花蓝色的运用能够凸显出中式文化的韵味，同时又带有现代设计的简约与时尚。

中国传统器物中的青花蓝色

明代 永乐
青花海水纹香炉

故宫博物院藏

青花蓝色在家居空间中的运用

1
○ C0 M0 Y0 K0 　　● C19 M35 Y47 K0
● C90 M83 Y36 K1 　● C51 M32 Y57 K0

与邻近色搭配： 客厅配色彰显现代时尚与优雅气质。其中，青花蓝色的沙发静谧、深邃，与青梅色单人座椅相映成趣，营造出独特的视觉享受。木色茶几与地面则带来一分温暖与自然，使整体配色和谐统一。

2
○ C0 M0 Y0 K0 　　● C56 M52 Y48 K0
● C88 M83 Y35 K0 　● C54 M60 Y59 K3

作为背景色： 新中式风格的客厅中，采用青花蓝色与木色作为墙面背景配色，典雅而富有文化底蕴。坐榻的出现则强化了室内风格，使整体氛围更加和谐统一。青花蓝色的冷静与木色的温暖相互交融，既展现古典之美，又不失现代之韵。

3
○ C0 M0 Y0 K0 　　　● C90 M84 Y32 K5
● C31 M23 Y23 K0 　● C61 M62 Y67 K11
● C24 M52 Y71 K0

与对比色搭配： 客厅配色独具匠心，青花蓝色与橙色大胆组合，形成鲜明对比。灰色墙面则增添了空间的简约、高级感，且令整体配色显得更加协调。

4
○ C0 M0 Y0 K0 　　　● C91 M82 Y29 K5
● C54 M45 Y40 K8 　● C37 M39 Y47 K6
● C55 M63 Y71 K49 　● C57 M31 Y100 K10
● C36 M53 Y75 K13 　● C22 M39 Y83 K0

作为背景色： 青花蓝色与白色作为背景色，相互映衬，营造出宁静而清新的空间氛围。深棕色皮质沙发与浅棕色地毯的搭配，不仅丰富了色彩层次，更在视觉上形成了一种和谐统一的美感。

品月色

C77
M60
Y29
K0

来源：品月色是清代服饰的流行色，颜色比月白略深一些。正如明代文学家杨慎在《题周昉琼枝夜醉图》中咏叹的那样："宝枕垂云选梦，玉萧品月偷声。步摇翻霜夜艾，琼枝扶醉天明。"

解析：品月色是一种夜色较深时，明月所映衬出的一种蓝色，给人一种宁静、优雅的感觉。在室内设计中，品月色可作为背景色或点缀色，与中性色或其他色彩灵活搭配。

中国传统服饰中的品月色

清代光绪　　　　　　故宫博物院藏
品月色缂丝凤凰梅花皮衬衣

品月色在家居空间中的运用

1

○ C0 M0 Y0 K0　　　　● C24 M23 Y23 K0
● C78 M61 Y27 K1　　　● C80 M65 Y61 K19
● C70 M62 Y58 K10　　　● C59 M38 Y73 K0

与邻近色搭配： 在以白色为主色调的空间中，运用品月色和墨绿色这对邻近色来丰富空间配色，可以营造出既干净、明亮，又不失清雅、自然的室内空间。

2

○ C0 M0 Y0 K0　　　　● C22 M21 Y26 K0
● C49 M67 Y77 K7　　　● C72 M55 Y23 K0
● C21 M14 Y49 K0

与对比色搭配： 新中式风格的空间中，色彩的搭配别具一格。品月色与鸡油黄色相映成趣，既展现出中国传统色的深沉与典雅，又通过色彩对比的手法赋予了空间活力。

3

○ C0 M0 Y0 K0　　　　● C38 M30 Y30 K0
● C80 M63 Y27 K0　　　● C51 M71 Y100 K17
● C60 M75 Y88 K37

作为背景色： 品月色的背景墙为餐厅带来宁静与高雅之感，棕系的家具则营造出温馨舒适的氛围。灰色地面不仅稳重且富有质感，与整体配色完美融合。

室内设计配色手册　中国传统色的应用

来源："洒蓝"这个色名来源于瓷器的制作工艺，即以青花蓝色做基础料色，再用吹釉的形式装饰到坯体上，远看是一片蓝色，近看是深蓝色的小颗粒，形成了深浅不一的釉面。"洒蓝"工艺早期仅见宣德景德镇御窑烧造，后康熙复烧，以釉上描金搭配，多以外销为主。

解析：洒蓝色是一种清新、梦幻的蓝色调，适合用于室内设计。例如，空间的墙面可选择洒蓝色的涂料或壁纸，以营造宁静氛围。此外，洒蓝色也适合搭配无彩色系的颜色，如白色、灰色，以营造简约、高雅的空间氛围。

中国传统器物中的洒蓝色

清代康熙
洒蓝釉描金小棒槌瓶　　　　　故宫博物院藏

洒蓝色在家居空间中的运用

1

● C89 M70 Y7 K0　　● C57 M73 Y88 K27
● C47 M47 Y58 K0

作为背景色：将洒蓝色铺陈到室内墙面上，绝对的面积优势强调出空间的深邃、幽远。金色则出现在烛台、家具等软装之中，闪烁的光泽提升了空间气质。

2

● C0 M0 Y0 K100　　● C40 M37 Y32 K0
● C85 M69 Y0 K0　　● C26 M93 Y86 K0
● C41 M41 Y87 K0　　● C36 M62 Y75 K0

与对比色搭配：空间背景色以黑色和灰色为主，营造出深邃而沉稳的氛围。洒蓝色和绛红色穿梭在空间之中，以增添活力之感，且与背景色形成鲜明对比。

3

● C17 M19 Y25 K0　　● C59 M73 Y71 K21
● C46 M65 Y79 K4　　● C90 M70 Y0 K0

作为点缀色：深褐色的橱柜彰显出沉稳与质感，浅褐色的坐墩则带来温馨与舒适。画作中的洒蓝色作为点缀色，巧妙地提亮了空间，为空间增添了一抹清新与活力。

4

● C19 M22 Y29 K0　　● C90 M71 Y1 K0
● C11 M27 Y86 K0

与对比色搭配：米灰色的背景色为空间营造了温馨、宁静的氛围。洒蓝色沙发与黄色茶几则形成鲜明的色彩对比，为空间增添了活力。

宝蓝色

C89
M84
Y24
K0

来源： 宝蓝色作为色彩名词大概出现在清代。在《光绪帝大婚备办清单》中就有"宝蓝江绸二连"的记载。从史料中可以得知，宝蓝色服饰上到皇帝，下至普通百姓均可穿戴。这是由于清初对长袍的色彩没有统一规定，因此即使皇帝也会身着一身蓝袍，这种服制是清朝继朝服和吉服之后，第三等的常服。

解析： 宝蓝色是纯净的冷色调色彩，鲜艳而带有珠光光泽，室内搭配需谨慎。建议选用中性色如白色、灰色与宝蓝色平衡色彩关系，也可尝试与金色、银色等金属色搭配，营造奢华、高雅的氛围。但要避免使用过多鲜艳色彩，以免空间显得杂乱。

中国传统画中的宝蓝色

康熙帝读书像

清代 宫廷画家

故宫博物院藏

宝蓝色在家居空间中的运用

1

● C86 M80 Y22 K0　　● C66 M51 Y16 K0
● C0 M0 Y0 K100　　○ C0 M0 Y0 K0

与同类色搭配： 宝蓝色的背景墙为餐厅营造出宁静、深远的氛围。餐桌布图案中的青花蓝色与背景色相映成趣，增添了餐厅的典雅气息。黑色作为点缀色，巧妙地平衡了整体空间的色调，令空间配色既和谐、统一又不失层次感。

2

● C44 M38 Y38 K0　　● C56 M46 Y44 K0
● C91 M86 Y27 K0　　● C92 M86 Y62 K40
● C35 M63 Y55 K0　　● C0 M62 Y81 K0

作为主角色： 灰色的护墙板奠定了客厅沉稳的基调，宝蓝色丝绒沙发则成为空间中的视觉焦点，与地毯中色调不一的蓝色圆形图案相呼应，营造出和谐、统一的氛围。

3

● C40 M33 Y34 K0　　○ C0 M0 Y0 K0
● C44 M47 Y56 K0　　● C82 M79 Y70 K50
● C86 M80 Y20 K0

作为点缀色： 以灰色为主色的卧室，给人带来现代感和科技感，其间点缀纯度较高的宝蓝色，可以丰富配色层次，也增强了清爽的感觉。

4

○ C0 M0 Y0 K0　　● C23 M24 Y28 K0
● C86 M84 Y27 K0　　● C76 M53 Y85 K38
● C42 M67 Y98 K3

作为主角色： 空间配色简洁而优雅，白色作为背景色，营造出清新、纯净的视觉效果。宝蓝色的造型餐椅则是点睛之笔，与白色背景形成鲜明对比，凸显了空间的高级感。

| 1 | 3 |
| 2 | 4 |

第五章 蓝色系 清爽、怡人的雅致之色

霁青色
C91
M90
Y55
K30

来源: 霁青色, 源于中国传统瓷器的色彩, 是一种深沉而高贵的蓝色。元代时, 霁蓝釉的成功烧制, 为明清两代霁蓝釉瓷器的发展打下了良好基础。

解析: 霁青色的色泽深沉, 蓝如深海, 色调浓淡均匀, 呈色稳定。在室内色彩搭配中, 运用霁青色可以营造出既传统又现代、既宁静又高雅的氛围。

中国传统器物中的霁青色

清代乾隆　　　　台北故宫博物院藏
霁青描金游鱼转心瓶

霁青色在家居空间中的运用

1 ● C93 M90 Y51 K22　● C45 M50 Y81 K0

作为背景色 + 主角色: 室内配色以霁青色为背景色, 点缀以金色, 彰显欧式家居用色的典雅与高贵。其中, 装饰柜上的金色线条、带有金色花纹的织物等设计元素, 相互映衬, 营造出一种奢华而不失优雅的氛围。

2 ● C31 M26 Y29 K0　● C92 M88 Y53 K28
● C34 M43 Y94 K0

作为主角色: 米灰色作为背景色, 为空间奠定了沉稳基调。圆润的霁青色沙发成为空间的视觉焦点, 打破了方正空间带来的刻板感。金色吊灯则在提升空间华丽感的同时, 又巧妙地平衡了整体空间的色调。

3 ○ C0 M0 Y0 K0　　● C91 M88 Y53 K25
● C46 M53 Y70 K36　● C33 M89 Y71 K38

与互补色搭配: 霁青色的墙面与餐椅相映成趣, 营造出静谧而优雅的用餐氛围。再用绛红色做点缀, 既与霁青色形成了鲜明的色彩对比, 又增添了空间的艺术感。

4 ○ C0 M0 Y0 K0　　● C29 M34 Y35 K0
● C79 M47 Y63 K3　● C93 M90 Y54 K32
● C56 M48 Y44 K0　● C0 M0 Y0 K100

与邻近色搭配: 以白色为主色的空间中, 霁青色沙发如一块翡翠, 点缀其中, 散发出静谧而优雅的气息。铜绿色地毯在脚下蔓延, 与沙发形成和谐的呼应, 为空间增添了一抹自然韵味。

在中国传统色彩文化中，紫色的发展历程相当漫长。最初，紫色并非一种独立的颜色，而是由红色和蓝色混合而成。随着时间的推移，紫色逐渐成为一种独立的颜色，并被赋予了特殊的意义。旧时，从自然界中获取紫色非常困难，因此紫色一直是贵族阶级的专属。此外，紫色系的颜色变化范围较大，带有紫色倾向的色彩都可以算作这一范畴。

第六章

紫色系

神秘、稀有的尊贵之色

淡牵牛紫色

C18
M24
Y6
K0

来源：淡牵牛紫色顾名思义是来源于牵牛花的色彩。牵牛花的花色繁多，有白色、紫红色以及紫蓝色等，其中尤以淡牵牛紫色为经典花色。

解析：淡牵牛紫色神秘而优雅，在室内配色中，能为空间增添梦幻而浪漫的氛围。它属于较柔和且偏冷的色调，因此在搭配时，可以考虑与暖色调的元素相结合，如米色、浅黄色或柔和的粉色，以营造温馨、和谐的氛围。

中国传统器物中的淡牵牛紫色

清代乾隆　　　　　　台北故宫博物院藏
铜胎画珐琅花卉高足盖杯

淡牵牛紫色在家居空间中的运用

① C16 M22 Y4 K0 ● C64 M58 Y56 K4
● C46 M68 Y97 K6 ● C68 M53 Y60 K4

与互补色搭配：空间的配色手法独具匠心，淡牵牛紫色的背景墙奠定了空间的优雅基调，黄棕色的丝绒沙发增添了空间的温馨感，灰色地毯则平衡了整体空间的色调。三色和谐统一，既体现出色彩的层次感，又保持了整体空间的和谐与舒适。

① C18 M23 Y5 K0 ● C28 M41 Y42 K0
● C0 M0 Y0 K100 ● C67 M38 Y87 K0

作为背景色：淡牵牛紫色的背景墙营造出静谧而优雅的氛围，木色家具与地面相互呼应，营造出温暖而自然的空间感。空间的整体配色既体现了色彩的层次感，又不失整体的和谐统一。

① C18 M25 Y5 K0 ● C32 M43 Y64 K0
● C82 M66 Y44 K4 ● C27 M80 Y72 K0
● C69 M44 Y79 K2

作为背景色：淡牵牛紫色的背景墙营造出神秘而浪漫的空间氛围。木色书桌与蓝色座椅形成自然、和谐的色彩对比，既有温度又不失冷静。点缀在装饰画中的红色系色彩则为空间增添了活力与亮点。

○ C0 M0 Y0 K0 ● C39 M31 Y33 K0
● C22 M26 Y11 K0 ● C50 M46 Y60 K0

作为主角色：客厅以白色为背景色，营造出清新、明亮的室内环境。淡牵牛紫色的沙发作为主角色，增强了空间的浪漫、优雅氛围。灰色地毯作为配角色，平衡了空间的整体色调。边几上的金色作为点缀色，则有着增强空间华丽感的作用。

藕荷紫色

C31
M32
Y20
K0

来源： 据古籍文献记载，藕荷紫作为色彩名词，于明清时期使用较多，也是清代染作档案中记载的紫色，是由靛青和红花套色而得。

解析： 藕荷紫色泛指浅紫中略带红调的颜色，明度有些发暗，最直观的色彩表现就是莲藕煮熟后的颜色。在室内配色设计时，藕荷紫色应避免与过于鲜艳或对比强烈的色彩搭配，以免令空间显得杂乱无章。相反，藕荷紫色适合搭配色调柔和的颜色，能够营造出和谐、舒适的室内环境。

中国传统画中的藕荷紫色

清代 郎世宁　故宫博物院藏
弘历中秋赏月行乐图

藕荷紫色在家居空间中的运用

1

○ C0 M0 Y0 K0　　● C31 M33 Y18 K0
● C47 M67 Y61 K2　● C39 M49 Y58 K0

与邻近色搭配： 在这个餐厅中，墙面采用了藕荷紫色和白色相间的设计，营造出一种优雅感。木色餐椅的出现则提升了空间的质感。以红色为主色调的花纹地毯则为餐厅增添了一抹亮丽的色彩，起到了提升空间活力的作用。

2

○ C0 M0 Y0 K0　　● C14 M10 Y13 K0
● C29 M31 Y22 K0　● C42 M38 Y38 K0

作为主角色： 白色作为厨房的背景色，奠定了明亮且宽敞的空间基调。橱柜上的藕荷紫色作为主角色，为厨房增添了优雅与神秘感。此外，厨房墙面与地面中采用了不同明度的灰色，大幅提升了空间的配色层次。

3

○ C0 M0 Y0 K0　　● C64 M67 Y74 K24
● C30 M32 Y20 K0　● C82 M64 Y39 K2
● C29 M24 Y16 K0

与同相色搭配： 卧室墙面壁纸中的图案为藕荷紫色与灰蓝色的山脉，为空间增添了层次与深度。床品采用了藕荷紫色，与壁纸中的色彩呼应，营造出温馨氛围。整体卧室的配色既和谐统一，又不失优雅与时尚。

4

○ C0 M0 Y0 K0　　● C66 M51 Y41 K0
● C33 M31 Y22 K0　● C0 M0 Y0 K100

与邻近色搭配： 灰色调的柔蓝色和藕荷紫色能使玄关显得柔和，更容易被大多数居住者接受。若将这两种色彩运用到玄关的家具与墙面壁纸中，能使空间显得优雅而柔和。

昌荣紫色

C25 M26 Y9 K0

来源： "昌荣紫色"得名于商王女的传说。据《列仙传》记载："昌容者，常山道人也。自称殷王子……能致紫草，卖与染家，得钱遗孤寡。"

解析： 昌荣紫色白中见紫，紫里透粉，如同带有一种飘然的仙气。在室内的配色设计中，若将昌荣紫色运用在卧室等需要营造宁静氛围的空间中，可与柔和色彩搭配；而在客厅或餐厅等公共区域，则可以将昌荣紫色与其他鲜艳色彩进行搭配，以提升空间的活力和时尚感。

中国传统画中的昌荣紫色

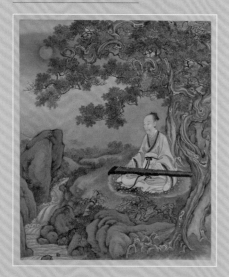

清代　　　　　　　　　故宫博物院藏
胤禛行乐图册·松涧鼓琴页

昌荣紫色在家居空间中的运用

① ● C25 M25 Y11 K0　● C61 M70 Y75 K25
○ C0 M0 Y0 K0　● C14 M23 Y46 K0

作为背景色： 采用昌荣紫色作为背景色，不仅为空间营造了浪漫氛围，更凸显了居住者的个性与品位。白色书籍与饰品点缀其间，与墙面形成色彩对比，提升了空间的明亮度和层次感。

② ○ C0 M0 Y0 K0　● C27 M31 Y10 K0
● C60 M63 Y74 K15　● C63 M85 Y57 K18
● C70 M52 Y90 K12

作为主角色： 空间以白色作为底色，营造出了一种明亮、宽敞的视觉感受。昌荣紫色的橱柜与吧台在白色的空间中显得格外突出，既增强了空间的层次感，又强化了空间的优雅与时尚感。

③ ○ C0 M0 Y0 K0　● C24 M29 Y5 K0
● C58 M57 Y66 K5　● C47 M44 Y64 K0

作为主角色： 以白色作为背景色，可营造出简约、纯净的空间氛围；昌荣紫色的沙发成为视觉焦点，为空间增添了优雅、神秘的魅力。少量金色点缀其间，与昌荣紫色形成了具有华贵感的色彩对比，同时也与白色相互呼应，提升了整体空间的精致感。

④ ○ C0 M0 Y0 K0　● C23 M25 Y8 K0
● C61 M32 Y44 K0

作为主角色： 卫浴柜采用昌荣紫色，再用金色拉手点缀其间，彰显法式风格的高贵与典雅。顶面与墙面铺贴的蝴蝶图案的防水壁纸，更是强化了卫生间的浪漫气息。另外，值得一提的是西子色的巧妙运用，与昌荣紫色的卫浴柜共同将浪漫与优雅气息注入空间之中。

来源：暮山紫色来源于唐初文学家王勃的《滕王阁序》："潦水尽而寒潭清，烟光凝而暮山紫。"这种紫色是一种在黄昏时刻，缭绕在山上的雾气所呈现出的色彩。

解析：暮山紫色往往给人一种想象的空间，具有静态的美感，安静而祥和。若在室内配色中运用暮山紫色，应与其他色彩进行巧妙的搭配和过渡，避免出现突兀或不协调的情况，如可以通过调整色彩的明暗度、饱和度或面积比例等方式来实现色彩的平衡与和谐。

中国传统器物中的暮山紫色

清代乾隆　　　　　　台北故宫博物院藏
铜胎画珐琅海棠式盒

暮山紫色在家居空间中的运用

1
● C51 M47 Y32 K0　　○ C0 M0 Y0 K0
● C0 M0 Y0 K100　　● C50 M52 Y62 K18

作为主角色：暮山紫色的橱柜与白色台面搭配，彰显了厨房高贵而神秘的气质。菱形图案的黑白色地砖，不仅提升了空间的层次感，还为厨房注入了现代时尚感。

2
● C34 M23 Y39 K0　　● C52 M48 Y30 K0
○ C0 M0 Y0 K0　　　● C89 M59 Y42 K1
● C58 M31 Y76 K0

作为主角色：灰绿色的背景墙为空间奠定了宁静的基调。碧绿色的吊灯则与墙面色彩相呼应，提升了空间的配色层次感。暮山紫色沙发作为空间中的主角色，与整体色调形成对比，又凸显了空间的优雅气质。

3
● C48 M47 Y31 K0　　● C90 M74 Y44 K6
● C87 M59 Y55 K9　　○ C0 M0 Y0 K0
● C19 M23 Y16 K0　　● C27 M32 Y44 K0

与邻近色搭配：客厅以暮山紫色为背景色，与霁青色的沙发和青绿色的装饰柜属于同类色搭配，既保证了整体空间配色的和谐统一，又通过色彩变幻营造出丰富的层次感和空间感。

4
○ C0 M0 Y0 K0　　　● C51 M47 Y29 K0
● C76 M53 Y37 K0　　● C47 M22 Y77 K0
● C0 M0 Y0 K100

作为背景色：暮山紫色作为空间的背景色，不仅装饰于墙面，更延伸至地面，形成连贯的视觉效果，面积优势显著。白色的沙发点缀其间，不仅平衡了暮山紫色带来的浓重感，还将空间优雅而神秘的气息激发了出来。

茈藐色

C59
M66
Y28
K0

来源："茈藐"是"茈草"的别称，可作染料。"紫"者借"茈"，两个字本意相同，后来"紫"字专指颜色，意为紫草染丝的颜色，再后来，"茈草"也变成了"紫草"。

解析：茈藐色作为中国传统色中的一分子，不仅可以大面积单独使用，也可与其他传统色彩如朱红、琉璃黄等进行搭配。这样的搭配能够营造出一种古朴而典雅的氛围，使空间更具文化气息。

中国传统器物中的茈藐色

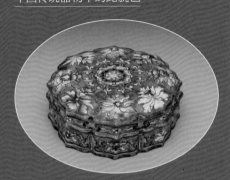

清代乾隆　　　　　　台北故宫博物院藏
铜胎画珐琅小盒

茈藐色在家居空间中的运用

① ○ C0 M0 Y0 K0　　● C59 M66 Y27 K0
● C44 M98 Y100 K11　● C35 M42 Y42 K0
● C73 M54 Y81 K15　　● C41 M55 Y86 K0

作为主角色：酒柜采用了茈藐色与白色相间的设计，既典雅又清新。红色的花盆与绿色的仙人掌则形成了鲜明对比，为空间增添了一抹生机与活力。

② ● C60 M66 Y25 K0　　● C57 M66 Y81 K17
○ C0 M0 Y0 K0　　　　● C68 M62 Y84 K25

作为主角色：茈藐色的橱柜与木色地面相互映衬，营造出优雅而自然的空间氛围。草绿色的透明玻璃杯点缀在厨房中，既增添了空间的生机感，又与其他元素形成和谐的色彩对比。

③ ● C59 M65 Y29 K0　　○ C0 M0 Y0 K0
● C70 M36 Y38 K0　　● C65 M76 Y70 K35
● C47 M47 Y39 K0　　● C23 M33 Y41 K0

作为背景色：茈藐色的墙面与白色的餐边柜及座椅相映成趣，既展现了空间的神秘，又不失清雅。此外，餐边柜与装饰画中巧妙地融入了不同明度的蓝色，为空间配色增添了层次感。

$$\frac{1}{2} \bigg|\, 3$$

第六章　紫色系　神秘、稀有的尊贵之色

雪青色

C44
M62
Y10
K0

来源： 雪青色实际上隶属于紫色的范畴，是一种紫中带蓝的蓝紫色。此色调近似雪地上反射的光的颜色，因而得名。

解析： 雪青色往往给人一种想象的空间，具有静态的美感，安静而祥和。在室内设计中，如果不希望整个空间过于清冷，可以选择将雪青色作为点缀色用于局部装饰。比如，在墙面、织物等位置加入雪青色的元素，与其他色彩形成对比，突出其独特魅力。

中国传统服饰中的雪青色

清代光绪
雪青色绸绣枝梅纹衬衣

故宫博物院藏

雪青色在家居空间中的运用

1

● C42 M61 Y11 K0
● C49 M54 Y53 K0
● C27 M42 Y62 K0
● C59 M16 Y18 K0
● C0 M0 Y0 K100
○ C31 M26 Y26 K0
● C73 M60 Y27 K0

作为背景色： 雪青色和黑色相间的护墙板为空间增添了尊贵之感。座椅上的灰色作为主角色则增添了空间的沉稳感。墙面装饰画中的蓝色作为点缀色，为空间增添了灵动气息。

2

● C58 M64 Y70 K11
● C91 M60 Y58 K13
● C73 M47 Y89 K13
○ C0 M0 Y0 K0
● C43 M61 Y10 K0

作为点缀色： 卧室的背景色采用棕色系的颜色，奠定了温馨而稳重的基调。床品中的雪青色和孔雀蓝色相互呼应，为空间增添了一抹优雅与浪漫的气息。

3

● C59 M8 Y26 K0
● C53 M36 Y78 K0
● C42 M60 Y10 K0

与邻近色搭配： 洗漱区的配色充满了童话味道，明度略高的蓝色作为墙面背景色，纯粹而通透。雪青色的卫浴柜作为视觉的中心，强势吸睛；并将这一色彩延续到墙面的图案之中，使之与墙面的对比感减弱，融合度更高。果绿色的加入，在带来生机感的同时，也加强了空间中的梦幻气息。

蕈紫色

C62
M54
Y33
K0

来源：蕈紫色是一种来自"蕈菌"的色彩，这一色彩在古代常出现在菜品中。

解析：蕈紫色带有红色和蓝色的色彩成分，且具有一定的灰度，使其看起来更加深沉和神秘。在室内设计中，蕈紫色特别适合用于打造安静、内敛的空间氛围。比如，在书房或卧室中，可以使用蕈紫色的壁纸或窗帘，让空间显得更加沉稳与宁静。

中国传统器物中的蕈紫色

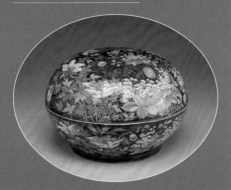

清代同治
紫地粉彩花鸟盒

台北故宫博物院藏

蕈紫色在家居空间中的运用

1
○ C0 M0 Y0 K0　　● C60 M53 Y33 K0
● C85 M68 Y51 K10　● C46 M23 Y18 K0
● C12 M30 Y0 K0

与邻近色搭配：柔蓝色沙发作为主角，为整个空间定下清新基调；蕈紫色地毯则以其深邃的色调为空间增添神秘感。色彩鲜艳的大幅装饰画与其他元素形成鲜明对比，彰显个性。

2
● C62 M54 Y33 K0　　● C57 M38 Y39 K0
○ C0 M0 Y0 K0　　　● C60 M67 Y74 K19

作为主角色：在阳台这一小空间中，蕈紫色定制柜以其独特的色彩成为视觉焦点，营造出优雅而浪漫的氛围。绿色植物的点缀则增添了阳台的自然气息，且与窗外景色呼应。

3
● C62 M54 Y29 K0　　● C49 M49 Y65 K0
○ C0 M0 Y0 K0　　　● C32 M26 Y22 K0
● C79 M52 Y75 K12

作为背景色：蕈紫色作为墙面背景色，为空间营造出浪漫的氛围。再搭配明度较低的黄褐色系，这种温婉的色彩组合可以为空间渲染轻奢的气息。

丁香紫色

C71
M76
Y37
K1

来源: 丁香紫色源于丁香花, 此外, 钧窑的窑变瓷器中也常出现此种色彩, 其中红色调主要的着色剂是氧化铜, 蓝色调的则是氧化铁。

解析: 丁香紫色兼容了暖色中的红色和冷色中的蓝色, 因此变化多端。在室内设计中, 若以丁香紫色作为背景色, 可以营造出一种浪漫而神秘的氛围。例如, 墙面、地面或顶面都可以选择丁香紫色, 再搭配其他中性色调的家具和装饰品, 使空间既统一又富有变化。

中国传统器物中的丁香紫色

宋代 钧窑　　　　　　台北故宫博物院藏
天蓝窑变丁香紫渣斗式大花盆

丁香紫色在家居空间中的运用

①
- ○ C0 M0 Y0 K0
- ● C70 M73 Y33 K0
- ● C31 M27 Y20 K0
- ● C48 M78 Y61 K5

作为主角色: 客厅中的沙发为丁香紫色和豇豆红色, 两种颜色均是能够产生浪漫感的色彩。再用白色和灰色作为空间的主要用色, 色彩之间形成了明度差, 增强了视觉张力。

②
- ● C36 M28 Y28 K0
- ● C30 M33 Y35 K0
- ● C70 M74 Y34 K0
- ● C70 M74 Y34 K0
- ● C0 M0 Y0 K100
- ● C6 M69 Y1 K0

作为配角色: 灰色的水泥墙面作为背景色, 营造了空间的高级感氛围。丁香紫色的造型座椅成为空间中的亮点, 且与灰色拉开色彩层次。同时, 墙面装饰画中的桃粉色与丁香紫色在色彩上既有呼应, 又有变化, 极大地提升了空间的配色魅力。

③
- ○ C0 M0 Y0 K0
- ● C70 M76 Y32 K1
- ● C37 M31 Y32 K0
- ● C94 M80 Y66 K46

作为主角色: 将丁香紫色应用于橱柜, 再加入灰蓝色的花纹壁砖, 形成的配色关系具有了艺术气息。为了令厨房配色更加和谐, 主色选用了白色和灰色, 用以缓和色彩对撞带来的强烈冲击。

④
- ○ C0 M0 Y0 K0
- ● C71 M76 Y35 K2
- ● C22 M28 Y35 K0
- ● C16 M29 Y12 K0

作为点缀色: 以白色为主色调的空间, 呈现出简约、纯粹的氛围。丁香紫色的双开门作为空间中的亮点, 打破了单一的色调, 为空间增添了神秘与浪漫。淡粉色的单人座椅则带来柔美与轻盈感, 与丁香紫色相互呼应, 共同构建出层次丰富又和谐的色彩世界。

魏紫色

C56
M76
Y50
K3

来源： 魏紫色是牡丹花的一个著名品种"魏紫"花的颜色。相传这一品种的牡丹花为宋代洛阳魏仁浦家所植，色紫红，故名。

解析： 魏紫色是一种深邃且华丽的色彩。在室内设计中，魏紫色的运用可以为空间增添一种独特而高雅的氛围。但应注意的是，若大面积使用魏紫色容易令空间显得过于压抑，可以搭配一些色调明亮的颜色，如白色、灰色或米色，以平衡视觉效果。

中国传统画中的魏紫色

太平春色图
元代 张中
御题
右得清赠
晴晚时佳丽
转根令新萤
花一蕋首香冠百
揉千阳四春开
奉谷三阳故瑶

台北故宫博物院藏

魏紫色在家居空间中的运用

1

● C23 M22 Y29 K0　　● C56 M77 Y48 K3
● C46 M62 Y69 K2　　● C71 M38 Y45 K0

作为主角色： 米灰色墙面作为背景色，营造出舒适宁静的氛围；沙发上的魏紫色作为主角色，彰显了空间的优雅与高贵；茶几上的棕色作为配角色，增添了一丝稳重与质感；而抱枕上的孔雀蓝色作为点缀色，更是为整个空间增添了一抹亮眼的色彩，彰显了精致的生活品位。

2

● C24 M19 Y27 K0　　● C58 M57 Y51 K1
● C57 M78 Y45 K2　　● C87 M61 Y43 K2
● C27 M36 Y60 K0

与邻近色搭配： 将魏紫色和孔雀蓝色用于布艺软装，利用布艺材质柔软的特点，可以将这两种原本有些冰冷的色彩变得柔和起来，同时还不会妨碍空间优雅、清爽基调的表达。

3

● C53 M74 Y50 K2　　● C67 M44 Y22 K0
● C0 M0 Y0 K100　　○ C0 M0 Y0 K0

与邻近色搭配： 以魏紫色与品蓝色这组邻近色作为空间的主要配色，营造出浓郁的艺术氛围，令人仿佛置身于梦幻的艺术殿堂。黑白相间的花纹地毯则巧妙地为空间带来视觉上的动感，使得空间配色变得有趣起来。

4

● C52 M78 Y48 K1　　○ C0 M0 Y0 K0
● C93 M67 Y45 K11

作为背景色： 魏紫色的墙面背景营造了高贵而神秘的空间氛围，白色作为调剂，既平衡了魏紫色的浓重，又增添了空间的明亮感。座椅上的孔雀蓝色虽然色彩面积占比不大，却令整个空间的艺术氛围大幅提升。

室内设计配色手册　中国传统色的应用　　　　/ 160 /

齐紫色

C69
M91
Y56
K25

来源：齐紫色来源于《韩非子》中的一个历史典故，据记载："齐王好紫衣，齐人皆好也。"据分析，这种紫色来源于齐国所在的山东地区盛产的一种脉红螺。

解析：在室内设计中，齐紫色的运用不仅是对传统文化的传承，也是对现代审美的一种创新融合。齐紫色具有深沉、典雅的气质，可以使空间具有一种高贵且神秘的感觉。

中国传统服饰中的齐紫色

清代乾隆　　　　　　台北故宫博物院藏
紫地粉彩番莲八宝花觚

齐紫色在家居空间中的运用

1

○ C0 M0 Y0 K0　　　● C69 M87 Y50 K20
● C38 M47 Y57 K0　　○ C18 M11 Y7 K0
● C78 M56 Y91 K24

作为背景色：白色作为基础色，营造出简洁、明快的空间氛围；齐紫色的地毯成为亮点，为整体空间增添一丝神秘与高贵；木色餐桌与灰色座椅则相互呼应，平衡了色彩的明暗对比，营造出温馨、舒适的用餐环境。

2

○ C0 M0 Y0 K0　　　● C57 M54 Y52 K1
● C37 M46 Y51 K0　　● C85 M68 Y84 K51
● C69 M91 Y56 K25

与中差色搭配：在以白色、灰色和褐色为主色的空间中，最引人注目的莫过于齐紫色和墨绿色的碰撞。虽然运用的是低饱和度的色调，但依然足够惊艳。

3

● C53 M44 Y42 K0　　● C64 M92 Y52 K23
● C0 M0 Y0 K100　　● C74 M59 Y90 K26

作为主角色：灰色作为背景色为空间带来宁静感，齐紫色的单人沙发则成为空间中的视觉焦点，强化了空间的高贵气息。大棵绿植的出现，令原本有些冷硬的空间变得生机盎然。

4

○ C0 M0 Y0 K0　　　● C67 M89 Y56 K23
● C43 M46 Y51 K0

作为点缀色：空间的用色简洁而不失魅力。原本以白色为主的定制柜，由于齐紫色的加入使其变得独特。而一把齐紫色的单人座椅，不仅与定制柜形成色彩上的呼应，更使得整个空间充满了艺术感。

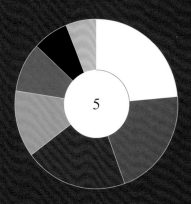

- C0 M0 Y0 K0
- C58 M66 Y87 K21
- C69 M88 Y56 K23
- C44 M36 Y34 K0
- C89 M58 Y37 K0
- C0 M0 Y0 K100
- C17 M33 Y51 K0

作为主角色：白色作为背景色在空间中占据主导地位，带来明亮与宁静的空间感觉。其中灰色的出现，充满了巧妙变化，为空间增添层次感。墙面装饰画中的孔雀蓝色，则异常灵动，为空间注入活力。齐紫色沙发作为主角，以其丝绒材质更显高贵，光泽流转间流露出奢华与优雅。

来源: 这种色彩被大量使用在秦俑彩绘中,经科研人员研究,这是一种来自硅酸铜钡的色彩,在自然界中尚未发现,因此被认为是人工制造的,很可能是秦代道士们制作玻璃假玉时得到的一种"副产品"。

解析: 在室内设计中,不同的材质会赋予中国紫色不同的质感和光泽度。例如,丝绒、绒布等材质会使中国紫色显得更加柔软、温暖;而金属、玻璃等材质则会使中国紫色呈现出冷艳、高贵的气质。

中国传统器物中的中国紫色

秦代
彩绘跪射俑

秦始皇帝陵博物院藏

中国紫色在家居空间中的运用

1

○ C0 M0 Y0 K0　　　● C69 M87 Y50 K20
● C38 M47 Y57 K0　　● C50 M25 Y100 K24

作为主角色: 中国紫色的沙发虽然只展露出一角,但却足够吸引眼球,将空间的优雅感呈现出来。绿植的加入,不仅丰富了空间的配色,还令空间尽显生机。

2

○ C0 M0 Y0 K0　　　● C54 M57 Y63 K3
● C63 M75 Y56 K17　● C0 M0 Y0 K100
● C73 M64 Y48 K4

作为主角色: 以白色墙面为背景,令空间显得清爽而明快;棕色的顶面与地面则为空间注入了稳重与温馨的气息。中国紫色的沙发优雅而高贵,成为空间的焦点所在。

3

○ C0 M0 Y0 K0　　　● C58 M55 Y56 K2
● C61 M70 Y90 K31　● C65 M75 Y56 K18
● C0 M0 Y0 K100

作为点缀色: 以不同色调的灰色作为背景色,为空间奠定了高级感,营造出宁静而典雅的氛围。座椅上的中国紫色作为点缀色,与灰色背景形成鲜明对比,凸显出独特的品位与魅力。金色的加入则起到了锦上添花的效果,让整个空间焕发出豪华而耀眼的光芒。

4

○ C0 M0 Y0 K0　　　● C42 M32 Y28 K0
● C45 M96 Y100 K15　● C66 M75 Y56 K15
● C76 M64 Y71 K28

与邻近色搭配: 原本以无彩色系的颜色为主色调的空间中,中国紫色和绛红色的出现为空间注入了活力,两色相互呼应,形成鲜明对比,彰显出空间的个性与品位。同时,抽象画中的帆船形象则为空间增添了一丝艺术气息,也使空间整体配色既和谐统一,又不失层次感。

茄子色

C74
M80
Y58
K25

来源： 茄子色，即蔬菜茄子的外皮色彩。茄子色曾是高档毛料的颜色，红楼梦中写道："（宝玉）穿一件茄色哆罗呢狐皮袄子……"这里的"哆罗呢"（tweed）即为清代自欧洲进口的一种阔幅粗毛织呢绒料。

解析： 茄子色是一种黑紫且油亮的颜色。在室内设计中，茄子色的运用可以增添空间的独特魅力和深度。例如，将茄子色作为空间的主角色或背景色使用，可以营造出一种静谧而高雅的氛围。这种深色调的墙面不仅有助于提升空间的质感，还能使人感到宁静和放松。

中国传统画中的茄子色

南宋 陈居中　　　台北故宫博物院藏
茄子图卷

茄子色在家居空间中的运用

1
- ● C71 M77 Y56 K30
- ○ C0 M0 Y0 K0
- ● C49 M65 Y68 K14
- ● C49 M92 Y82 K41
- ● C0 M0 Y0 K100
- ● C24 M31 Y47 K0

与邻近色搭配： 利用茄子色作为墙面配色，体现出一种成熟、优雅的理性美。局部应用的酒红色在色彩气质上与茄子色相辅相成，营造出大气而精致的空间氛围。

2
- ● C23 M23 Y27 K0
- ● C0 M0 Y0 K100
- ● C71 M64 Y55 K15
- ● C71 M78 Y60 K26

作为点缀色： 客厅以无彩色系的颜色为主色，营造出简约而高雅的氛围。大量石材的运用，不仅增添了空间的质感，更凸显出现代感。茄子色座椅的出现，打破了原本色彩单调的空间，为整体设计增添了层次感和活力。

3
- ● C73 M77 Y57 K23
- ● C59 M66 Y78 K19
- ● C24 M24 Y25 K0
- ○ C0 M0 Y0 K0

作为背景色： 浓色调的茄子色餐厅柜成为空间的视觉焦点，彰显高贵与神秘。棕色地面则强化了空间的稳重大气之感。灰白色餐椅简洁、明快，平衡了整体空间过于浓郁的色调，为空间增添了清爽感。

4
- ● C19 M14 Y14 K0
- ● C56 M66 Y80 K16
- ○ C0 M0 Y0 K0
- ● C74 M78 Y59 K28
- ● C37 M90 Y84 K0

与邻近色搭配： 浓色调的茄子色少了一些浪漫，多了一分复古，演绎深沉，诠释魅力，即使作为墙面上小面积的点缀也，也能轻易激发出整体空间的含蓄美。除了茄子色，空间中的酒红色电视柜也能激发出整体空间的含蓄美感。

室内设计配色手册　中国传统色的应用

褐色又称棕色，为黄、红、黑三色的调和色。最初褐色来源于动物褐兔的毛色，在古时则是下层社会寒贱之民的衣着代表色，同时也是传统木器与家具中的常见色彩。此外，茶盏中的茶色也属于褐色系的颜色，是组成传统色彩文化的重要元素之一。

第七章

褐色系

舒适、沉静的质朴之色

茶褐色

C47
M50
Y58
K0

来源： 茶褐色也称"明茶褐色"，是一种浅淡的褐色系颜色，也是历代织物中比较常见的色彩。

解析： 茶褐色是一种赤黄而略带黑的颜色。在室内设计中，茶褐色可以作为空间的主色，营造出一种稳重而温馨的氛围。同时，同色系颜色的家具或装饰品也可以与茶褐色相呼应，形成统一而和谐的视觉效果。

茶褐色在家居空间中的运用

①
○ C0 M0 Y0 K0
● C0 M0 Y0 K100
● C73 M54 Y96 K18
● C43 M47 Y55 K0
● C39 M58 Y97 K0

作为主角色： 客厅的背景色选用白色，简约明亮，为整体空间奠定了清新基调。茶褐色的沙发与茶几，沉稳大气，与白色背景拉开了色彩上的层次感。黑白配色的地毯，简洁中不失艺术感，既与整体色调协调，又为空间增添了亮点。

②
● C38 M43 Y46 K0
● C56 M73 Y86 K26
● C66 M79 Y90 K53
● C0 M0 Y0 K100

作为背景色： 用温馨、低调的茶褐色作为墙面的背景色，为空间奠定舒适、放松的基调。在吧台和顶面运用略深的熟褐色与之搭配，不仅为空间的色彩搭配带来平衡感，而且营造出一种沉着、自然的氛围。

中国传统服饰中的茶褐色

汉代
素纱单衣（直裾）

湖南博物院藏

③
● C45 M49 Y54 K0
○ C0 M0 Y0 K0
● C58 M78 Y93 K37

作为背景色： 卧室配色以茶褐色和熟褐色为主，营造出沉稳、温暖的氛围。其中，墙面和顶面的茶褐色与床头和地板的熟褐色相互呼应，形成了统一的色调。白色的床品和地毯则起到了调和作用，使整个空间显得更加明亮。

淡赭色

C55
M58
Y67
K5

来源： 赭色原本是一种天然含铁矿石"赭石"的本色，是古人常用的一种矿物颜料。而淡赭色相较于赭色加入了更多的白色，明度更高，看起来也稍显轻快一些。

解析： 淡赭色是在橙红色的基础上，加入了黑色和白色，常给人一种沉稳、质朴的感觉。在室内设计中，这种色调不仅能为空间带来一种自然的质感，还能与各种家具和装饰品形成和谐的搭配。例如，在墙面使用淡赭色，可以营造出一种温暖而宁静的氛围；而在地面使用淡赭色，则能为空间增添一分稳重感和质感。

中国传统器物中的淡赭色

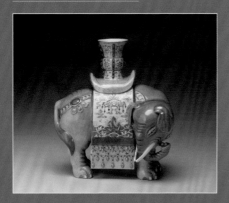

清代
太平有象瓷尊

台北故宫博物院藏

淡赭色在家居空间中的运用

1 ● C32 M29 Y36 K2　● C55 M60 Y71 K4
● C52 M32 Y61 K0

作为主角色： 米灰色的背景墙营造出宁静温馨的氛围，淡赭色的家具与地面相互呼应，增添了空间的温暖感。绿植的点缀不仅为空间注入了生机，还平衡了空间的整体色调，令空间更显灵动而自然。

2 ○ C0 M0 Y0 K0　● C49 M55 Y62 K9

作为点缀色： 白色作为主色，营造出清爽、明亮的空间氛围。床品同样采用白色，与空间主色相呼应，保持整体色调的和谐统一。淡赭色巧妙分散运用于座椅、床巾等处，既增添了温暖感，又避免了色彩过于单调。而重复配色的手法，则令空间显得更具整体感。

3 ○ C0 M0 Y0 K0　● C43 M55 Y65 K9
● C0 M0 Y0 K100

作为背景色： 将白色应用于顶面和墙面，将淡赭色应用于地面，是简单易行的配色手法，能够产生安静、平和的书房气息。为了避免色彩上过于单调，可以用少量黑色来丰富配色层次。

4 ● C51 M55 Y67 K6　● C100 M100 Y54 K25
○ C0 M0 Y0 K0　● C50 M37 Y33 K0

作为背景色： 厨房中运用了大面积的淡赭色，可以呈现出质朴的感觉。再将深色调的蓝色与之搭配，带来了现代感与时尚感。地面选用了花纹独特且色彩与空间主色形成呼应的马赛克地砖，增强了空间的艺术气息。

驼褐色

C58
M64
Y76
K14

来源：驼褐色源自用驼毛织成衣物的颜色，这种颜色在元代的服饰中经常出现。《元史·舆服志》中记载，天子和百官的质孙服，夏季款都有驼褐色。质孙服是古代蒙古贵族在宴会上穿着的礼服，上下一色。

解析：在室内设计中，驼褐色的运用可以为空间营造稳重、舒适的氛围。例如，在墙面使用驼褐色，可以为空间带来一种温暖而宁静的感觉，特别适合用于卧室或书房等需要放松和专注的场所。而在地面使用驼褐色，则能营造出一种稳重而高雅的氛围，常见于客厅或餐厅等公共区域。

中国传统画中的驼褐色

宋代
果老仙踪图

台北故宫博物院藏

驼褐色在家居空间中的运用

1
○ C0 M0 Y0 K0　　● C54 M63 Y75 K13
● C71 M76 Y79 K49　● C82 M69 Y51 K11
● C43 M39 Y46 K0　　● C50 M93 Y91 K30

与类似色搭配：以白色作为客厅主色，家具和部分墙面采用驼褐色与深褐色两种类似的颜色，塑造出具有稳定感的空间氛围。再用少量的红色、蓝色做点缀，增强空间配色的层次感。

2
○ C0 M0 Y0 K0　　● C53 M65 Y78 K12
● C82 M62 Y71 K26　● C99 M100 Y66 K54
● C21 M97 Y92 K0

与互补色搭配：驼褐色的背景墙与暖棕色的沙发形成色彩呼应，营造出温馨、舒适的空间氛围。墨绿色作为点缀，巧妙地融入沙发和抱枕之中，不仅打破了空间配色的单调感，更为空间增添了一抹生机与活力。

3
● C56 M65 Y76 K13　● C24 M18 Y20 K0
○ C0 M0 Y0 K0　　　● C0 M0 Y0 K100

作为主角色：吊柜为白色，地柜主要为驼褐色，上轻下重的配色方式令空间具有了稳定感。再将米灰色应用于墙面，显得柔和而低调，过渡自然。

4
● C56 M64 Y78 K14　● C32 M28 Y35 K0
● C45 M37 Y33 K0　　● C74 M42 Y18 K0

作为背景色：以驼褐色作为空间主色，令卧室有了质朴感，再以窈蓝色作为点缀色，为空间增添了硬朗、理性的气息。

露褐色
C58
M64
Y76
K14

来源：露褐色这一色彩词来源于《南村辍耕录》，其中记载："露褐，用粉入少土黄、檀子合。"这一色彩和一种叫"戴胜"的鸟的头顶上的羽毛很相像。

解析：在室内空间中，露褐色的运用十分广泛。它既可以作为主色，为室内空间营造出一种温馨、舒适的氛围；也可以作为点缀色，与其他色彩进行搭配，增加空间的层次感和丰富度。

中国传统织物中的露褐色

清代光绪　　　　　　故宫博物院藏
白缎地广绣三阳开
泰挂屏心（局部）

露褐色在家居空间中的运用

1
○ C0 M0 Y0 K0　　　● C63 M71 Y77 K31
● C45 M64 Y78 K19　● C84 M58 Y64 K15

作为主角色：白色的背景墙纯净、简约，为空间奠定了明亮的基调。灰褐色的饰面板与露褐色的沙发相互呼应，营造出温暖而高级的空间氛围。苍绿色的抱枕和座椅则为整个空间增添了一抹清新的自然气息。

2
○ C0 M0 Y0 K0　　　● C55 M63 Y78 K15
● C0 M0 Y0 K100

作为背景色：露褐色被巧妙地运用在顶面、地面及部分家具中，营造出温馨、舒适的空间氛围。用白色和黑色来调剂，既平衡了露褐色的浓烈感，又为空间增添了一丝现代感。

3
● C16 M19 Y23 K0　● C56 M66 Y82 K14
● C0 M0 Y0 K100　　● C23 M52 Y68 K0

与类似色搭配：灰色作为背景色，营造出沉稳而优雅的空间氛围。露褐色的家具在其中起到了平衡与调和色彩的作用，为空间增添了一丝温暖与质感。橙色的装饰画作为点缀，既打破了大面积灰色带来的单调感，又为整个空间增添了一抹亮色。

4
○ C0 M0 Y0 K0　　　● C53 M69 Y96 K19
● C53 M57 Y68 K3　● C79 M64 Y82 K38

作为主角色：卧室以白色为背景色，营造出纯净、明亮的空间氛围。露褐色的屏风与床品互为色彩呼应，增添了空间的暖意与质感。茶褐色地板则巧妙平衡了空间的整体色调，凸显空间的沉稳与雅致。

$$\frac{\begin{matrix}&2&\\1&3\\&4&\end{matrix}}{}$$

1
2
3
4

来源：这种色彩向来是古时文人墨客形容美酒的色彩，其中以诗仙李白的"兰陵美酒郁金香，玉碗盛来琥珀光"最为豪放，也不乏李清照"莫许杯深琥珀浓，未成沉醉意先融"的婉约之情。

解析：琥珀色的色泽光润，呈透明胶质的黄棕色。在室内空间中，若将琥珀色运用在不同的材质上，其表现出的空间氛围也有所不同。例如，在木质家具和织物中使用琥珀色，可以突出材质的质感和纹理；而在玻璃或金属上使用琥珀色，则可以营造出一种现代而时尚的感觉。

中国传统器物中的琥珀色

清代
玛瑙卧莲鸳鸯

故宫博物院藏

琥珀色在家居空间中的运用

○ C0 M0 Y0 K0　　　● C55 M73 Y98 K18
● C50 M55 Y56 K0

作为主角色：卧室配色以琥珀色、浅褐色和白色为主。其中，琥珀色的床品与浅褐色的床巾形成了柔和的色彩对比，白色的墙面则为整个空间提供了明亮、干净的背景。这种配色可以营造出一种优雅的氛围，同时也不会让人感到过于压抑或刺眼，十分适合居住。

○ C0 M0 Y0 K0　　　● C73 M72 Y69 K36
● C53 M69 Y100 K17　● C0 M0 Y0 K100

作为点缀色：琥珀色的球形吊灯，圆润的外形如同晶莹剔透的琥珀，散发着柔和而温暖的光芒，为整个空间带来了一种优雅而奢华的氛围。

● C0 M0 Y0 K100　　● C54 M51 Y45 K0
○ C0 M0 Y0 K0　　　● C53 M69 Y100 K18

作为配角色：黑色与灰色的搭配稳重又高级，在这样的配色中加入透明的琥珀色座椅，令原本沉稳的餐厅变得十分灵动，而材质的轻盈感则提升了空间的品质与格调。

赭罗色

C61
M78
Y95
K44

来源： "赭"是指土壤、矿石的红褐色，赭罗中的"罗"则是一种绸缎。赭罗曾是上等的服饰，李贺有诗云："香襆赭罗新，盘龙蹙镫鳞"。

解析： 赭罗色由于同时混有红色调和黄色调，常给人一种温暖感，但又由于加入了部分蓝色调做调和，因此也不乏轻快之感。在室内设计中，赭罗色是搭配对比色和互补色的完美颜色，与这些颜色搭配，可以尽可能地展示出赭罗色的独特魅力。

中国传统画中的赭罗色

明代 陈洪绶　　香港艺术馆藏
饮茶图

赭罗色在家居空间中的运用

① ● C61 M73 Y90 K40　● C35 M39 Y49 K0
○ C0 M0 Y0 K0

作为背景色： 深色调的赭罗色可以营造出理性、大气的环境氛围。再以同色系、不同明度和纯度的褐色搭配，以极平和的方式丰富空间的色彩层次。

② ○ C0 M0 Y0 K0　　● C36 M33 Y34 K0
● C64 M75 Y90 K40　● C60 M29 Y24 K0

作为点缀色： 将白色应用于定制玄关柜，搭配蓝色，为玄关带来具有明亮感的配色关系。赭罗色的出现起到丰富配色层次的作用，也使玄关配色显得更加稳定。

③ ● C45 M42 Y40 K0　　● C75 M77 Y81 K56
● C59 M73 Y73 K24

作为主角色： 厚重的赭罗色和朱红色是能激发出书房古朴韵味的配色，再用中灰色调和，使整个空间的历史文化韵味十分浓郁。

石莲褐色

C63 M62 Y64 K11

来源： 石莲褐色曾在宋元之际非常流行，宋人赞宁在《僧史略》中记载："今江表多服黑色、赤色衣，时有青黄间色，号为黄褐、石莲褐也。"

解析： 石莲褐色是一种深沉且自然的色彩，呈现出介于棕色与灰色之间的温暖色调。这种色彩既具有大地的稳重感，又带有一丝植物的生机，可以为室内空间增添质朴而温馨的氛围。

中国传统画中的石莲褐色

水绘园雅集图轴

清代 戴苍

上海博物馆藏

石莲褐色在家居空间中的运用

1
- ○ C0 M0 Y0 K0
- C20 M20 Y20 K0
- ● C60 M61 Y62 K9
- C64 M42 Y72 K1

作为主角色： 采用白色做主色体现餐厅追求宽敞、明亮的诉求，石莲褐色的出现平衡了过多白色带来的距离感，再加入一些绿植点缀，使空间更加舒适。

2
- ○ C0 M0 Y0 K0
- ● C59 M58 Y58 K10

作为背景色： 玄关以白色为主色，地面选用石莲褐色的石材，形成深浅有度的配色关系。透明玻璃隔断的加入，不仅令空间划分得更加有序，而且与白色一起打造出通透、明亮的空间。

3
- ● C63 M64 Y67 K6
- C45 M40 Y44 K0
- ○ C0 M0 Y0 K0
- C15 M11 Y10 K0
- C20 M28 Y47 K0
- C76 M42 Y35 K0
- ● C51 M77 Y68 K12

作为背景色： 将石莲褐色与米灰色作为玄关墙面的主要配色，营造出优雅的氛围，白色作为主角色可以在一定程度上提亮空间，为采光不足的玄关带来明亮感。红色和蓝色的点缀则令空间显得更加灵动，生机盎然。

4
- ○ C0 M0 Y0 K0
- ● C61 M59 Y60 K11
- ● C75 M66 Y63 K21
- ● C74 M60 Y74 K22

作为背景色： 在以白色和石莲褐色为主色的空间加入偏灰的绿色来活跃气氛，既能够体现出硬朗、刚毅的特性，又带来一点自然的味道。

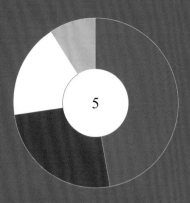

○ C60 M58 Y61 K16　○ C73 M68 Y68 K28
● C0 M0 Y0 K0　　　● C33 M27 Y24 K0

作为背景色： 卧室以石莲褐色为配色
重心，且使用了灰褐色、茶褐色等，令
配色十分协调，再以白色搭配灰色，并
结合简洁、利落的线条，来凸显空间硬朗、
刚毅的特征。

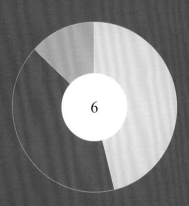

● C16 M13 Y19 K0　　○ C67 M67 Y70 K0
● C40 M31 Y26 K0

作为背景色： 用米灰色作为墙面背景
色可以表现出稳定、低调的特点，再将
石莲褐色应用于家具和地面，色彩之间
的过渡自然、流畅，具有统一性。

鹰背褐色

C68
M70
Y67
K25

来源：鹰背褐色是一种类似老鹰背部羽毛的颜色。元末明初的文学家陶宗仪在《南村辍耕录》卷十一中记载："鹰背褐，用粉入檀子、烟墨、土黄合。"

解析：鹰背褐色融合了深褐色与灰黑色的元素，呈现出一种既沉稳又富有力量感的视觉效果。在室内空间中，鹰背褐色的运用能够为空间营造一种深邃而典雅的氛围。

中国传统器物中的鹰背褐色

清代　　　　　　　　　　故宫博物院藏
犀角雕鹰熊合卺杯

鹰背褐色在家居空间中的运用

① ○ C0 M0 Y0 K0　　　　◐ C27 M21 Y28 K0
● C23 M34 Y47 K0　　　● C65 M69 Y70 K25
● C36 M41 Y38 K0　　　● C57 M45 Y72 K1
◐ C21 M23 Y57 K0

作为主角色：以白色和灰色作为玄关的主要配色，可营造高级又明亮的空间氛围。主角色选用了鹰背褐色，形成视觉重心，令配色更具稳定性。金色、灰粉色和茶绿色的点缀，不仅从色彩上丰富空间，更是以材质特征凸显了空间的高品质。

② ○ C0 M0 Y0 K0　　　　● C46 M43 Y36 K0
● C71 M73 Y68 K33　　● C61 M43 Y28 K0

作为主角色：大面积白色和灰色塑造的空间理性又节制，再将鹰背褐色应用于地面、家具及窗帘，给人一种质朴、沉稳的感觉。

③ ◐ C35 M29 Y30 K0　　● C64 M65 Y70 K19
● C56 M77 Y72 K22　　● C78 M72 Y64 K30

作为背景色：将鹰背褐色作为空间的主色，浓郁又质朴，可以给人带来安定感。起点缀作用的红色与鹰背褐色搭配和谐，能激发出空间的中式气息。

白是一个古老的词语，是中国传统五色体系中的"正色"之一。最初在甲骨文中出现的"白"可能是用来表现日光的白色。旧时表现"白"的词语很多，大多来自对丝织品本色状态的称呼，如素、练等；也有一些对玉器或瓷器的称呼，如凝脂、甜白釉等。

第八章

白色系　纯洁、干净的高洁之色

白练色

C9
M7
Y5
K0

来源: 白练色也称"丝白色""素色"。汉语中"练"字的本义为把生丝煮熟,或把麻及织物煮得柔软、白净的意思。

解析: 将白练色运用在室内设计中,能为空间营造宁静和清新的氛围。因此,这一色彩非常适合作为空间的主角色。同时,白练色能反射更多的光线,使室内空间更加明亮、宽敞。

中国传统画中的白练色

清代 费丹旭   洛杉矶艺术博物馆藏
闲敲棋子图(局部)

白练色在家居空间中的运用

1

○ C9 M7 Y5 K0   ● C32 M50 Y59 K0
● C70 M48 Y100 K7   ● C30 M51 Y39 K0

作为主角色: 在白练色的卧室中,加入了大量来自大自然的色彩,如粉色、绿色等,这些色彩分布在空间的墙面、床品等物件上,令人仿若身处春日的郊野。

2

○ C9 M7 Y5 K0   ● C61 M68 Y81 K25
● C60 M56 Y55 K2

作为主角色: 空间整体被笼罩在一片白练色之中,白练色的墙面与床品,给人一种干净、整洁的视觉观感。此外,在白练色的床品中加入灰色作为调剂,丰富了色彩的层次。

3

○ C9 M7 Y5 K0   ● C75 M62 Y57 K11
● C0 M0 Y0 K100

作为主角色: 此空间的配色方式体现了简约而高雅的设计理念。其中,白练色营造了明亮、清新的空间氛围,灰蓝色则为地面带来了宁静与深邃感。少量的黑色点缀在空间中,既增添了现代感,又使整体空间的配色更加和谐统一。

4

○ C9 M8 Y6 K0   ● C41 M33 Y31 K0
● C34 M36 Y49 K0   ● C71 M49 Y90 K8
● C44 M46 Y28 K0

作为背景色: 白练色是容纳力非常高的色彩,与任何颜色搭配都十分和谐。将其大面积地运用到空间设计中,其洁净的色彩属性,奠定了干净的氛围基调。但大面积白练色的运用,容易出现寡淡、清冷的视觉观感,不妨运用少量灰色和木色来平衡,以增强空间的舒适度。

甜白色

C17
M11
Y16
K0

来源： "甜白色"是曾流行于明代的一种高温釉瓷器的颜色，其釉色莹润，能照见人影，比枢府窑卵白釉有更加明显的乳浊感，给人以温柔、恬静之感，所以又称"葱根白"，素有"白如凝脂，素犹积雪"之誉。

解析： 将甜白色运用在室内空间，能为居住者带来舒适、放松和愉悦的体验。例如，在客厅或卧室的墙面使用甜白色，不仅可以提亮空间，还能带来一种宁静、平和的感觉，有助于放松身心。

中国传统器物中的甜白色

明代永乐
甜白釉僧帽壶

故宫博物院藏

甜白色在家居空间中的运用

1

- C17 M11 Y16 K0
- C34 M28 Y24 K0
- C59 M57 Y58 K3
- C0 M0 Y0 K100

作为背景色： 以大面积的甜白色作为背景色，奠定了客厅干净、通透的基调。再把明度较高的浅灰色作为主角色，增强了空间的高级感。带有灰色调的褐色系木质墙面和隔断则为空间带来了一丝暖意。

2

- C16 M10 Y17 K0
- C38 M28 Y26 K0
- C29 M31 Y36 K0
- C0 M0 Y0 K100

作为背景色： 大面积干净的甜白色与落地窗共同打造出一个明亮、通透的客厅。而室内的软装大部分以灰色和黑色为主，与整体空间的色彩搭配和谐。带有一丝暖调的暖褐色地毯，柔和又质朴，活跃了空间的气氛。

3

- C18 M12 Y14 K0
- C36 M40 Y39 K0
- C54 M46 Y43 K0
- C64 M47 Y74 K3
- C0 M0 Y0 K100

作为主角色： 将甜白色和蒸汽灰色应用于厨房可以减弱燥热感。其间出现的灰褐色，明度同样较高，这样的配色关系舒适又治愈，适合用于开放型厨房。

4

- C17 M10 Y16 K0
- C50 M43 Y44 K0
- C0 M0 Y0 K100
- C93 M91 Y33 K1
- C83 M53 Y97 K21

作为背景色： 以无彩色系颜色中的甜白色作为玄关空间的主色，不急不躁，显得平静又大气。再用苍劲的松树盆栽和以蓝色为主色的中国画做点缀，轻松展现出雅致、悠远的中式情调。

凝脂色

C5
M5
Y10
K0

来源: "凝脂"指凝冻了的油脂,比喻光洁、白润的皮肤或器物。《诗经》中形容一代绝色美人庄姜之美,就写道:"手如柔荑,肤如凝脂。"

解析: 凝脂色是一种介于白色和米色之间的中国传统色,带有一种温润而柔和的质感。这种色彩不仅富有典雅的气质,还能为室内空间带来温暖而舒适的氛围。

中国传统器物中的凝脂色

清代
白玉碗

台北故宫博物院藏

凝脂色在家居空间中的运用

1　C5 M5 Y10 K0 ● C31 M28 Y31 K0
● C60 M64 Y67 K12

作为背景色: 凝脂色和米灰色为主色的客厅低调、淡雅,适宜居住。为了避免空间配色的单调,在墙面加入了拱形造型,利用圆润的线条来调和棱角分明的空间。

2　C5 M5 Y10 K0 ● C0 M0 Y0 K100
● C55 M44 Y42 K0 ● C32 M91 Y78 K1
● C38 M34 Y79 K0 ● C87 M64 Y65 K25

作为背景色: 空间中的软装色彩十分丰富,且饱和度较高,能够轻易留住人们的目光。若是背景色同样引人注目,会造成过于刺激的视觉感受。因此,在这个方案中,将背景色定位成凝脂色,有效地突出了富有艺术特性的软装色彩,而且使整个空间看起来通透性较高。

3　C5 M5 Y10 K0 ● C33 M35 Y36 K0
● C38 M100 Y100 K4

作为背景色: 该餐厅的配色简约而富有创意。凝脂色墙面作为背景色,为空间提供了明亮而纯净的基调。灰褐色的地面则为空间增添了一抹沉稳之感。而透明的红色雕塑不仅支撑着餐桌,更为空间注入了新意与活力,成为鲜明的视觉焦点。

4　C5 M5 Y10 K0 ● C30 M31 Y31 K0
● C47 M35 Y30 K0

作为背景色: 将凝脂色大面积地运用在空间的墙面中,浅褐色主要体现在地面上,令整体空间配色的稳定感更强。这样的家居配色适用性较高,可以被大多数居住者接受。

⑤ ○ C6 M7 Y12 K0　● C24 M19 Y17 K0
● C0 M0 Y0 K100

作为主角色: 凝脂色是提亮空间的绝佳色彩,大面积的
凝脂色非常有利于打造明朗、通透的空间环境。为了丰富
空间的配色层次,可以选取黑色与之搭配,但应控制好黑
色的使用面积,且黑色适合分散出现。

○ C6 M6 Y12 K0　　● C0 M0 Y0 K0

作为主角色：将温馨、低调的褐色表现在地面上，深浅不一的色调变化，永远不会让家显得呆板，同时带来舒适、放松的视觉感受。再运用凝脂色与之搭配，不仅可以平衡空间色彩，而且能够营造出通透的氛围。

在中国传统文化中，黑色的由来可以追溯到古代的五行学说。其中，黑色属于水行，代表北方和冬季。因此，黑色在中国传统文化中被视为寒冷、神秘和高贵的象征。中国传统文化中，形容黑色系颜色的常见有玄、缁、黛等。而"墨"在中国则是特殊的黑色，所谓的"墨分五色"，从中可以窥见中国文人独特的色彩世界。

第九章

黑色系 威严、庄重的高贵之色

墨色

C73
M66
Y71
K27

来源： 水墨画曾在唐代时初露锋芒，到了宋代达到创作高峰，这令墨色在中国传统绘画史上占有举足轻重的地位，常有"墨分五色"之说，即焦、浓、重、淡、清，这是由于笔中含水量的差异，而呈现出的浓淡变化。

解析： 墨色为一种无光线反射与无亮度的色彩，但并不是一种纯黑色，而是带有少量灰色属性。在室内设计中，墨的运用可以借鉴水墨画的精神内涵和审美特点，将传统艺术元素与现代设计理念相结合，创造出独特而富有文化内涵的空间效果。

中国传统画中的墨色

明代 唐寅　　　　　　辽宁省博物馆藏
悟阳子养性图卷（局部）

墨色在家居空间中的运用

1

● C73 M66 Y71 K27　　● C29 M21 Y17 K0
● C40 M65 Y43 K0

作为背景色： 以墨色作为空间的主色，大大增强了空间的神秘感与力量感。由于色彩之间具有明度变化，产生的通透感使整个空间显得并不压抑。此外，豇豆红色的床品，则大幅提升了空间的活力。

2

● C73 M66 Y71 K27　　○ C0 M0 Y0 K0
● C53 M56 Y81 K5

作为背景色： 卫生间中大量运用墨色，营造出沉稳而高雅的氛围。其间点缀金色，不仅提升了空间的质感，更增添了一抹奢华与尊贵。

3

○ C0 M0 Y0 K0　　　　● C73 M66 Y71 K27
● C51 M51 Y59 K1　　　● C37 M38 Y65 K0

作为背景色： 打造精致高级型书房非常直接的方式就是用墨色作为主色。在大面积的灰色空间加入金色点缀，则能体现出一种低调的奢华感。

4

● C73 M66 Y71 K27　　● C40 M91 Y100 K5
● C0 M0 Y0 K100

作为背景色： 卫浴间干区的面积不大，将墨色作为主色大面积使用，再用少量的红色做点缀，带来低调且有活力的气息，使空间具有现代感。

漆黑色

C77
M71
Y71
K40

来源： 这是一种来源于漆树汁液的颜色。同时，漆树汁液也是中国最早出现的植物天然色料之一，常作为器具或家具的涂料，具有防潮、防腐的作用。

解析： 漆黑色是一种自带光泽感的黑色，深邃至极，静穆中却又暗藏汹涌。在室内设计中，若将漆黑色用于空间的背景色应谨慎。因为，漆黑色具有较强的吸光性，大面积使用可能会使空间显得过于压抑和暗沉。因此，需要适当控制其使用面积和比例，并结合其他明亮的色彩或材质进行调和，以保持空间的平衡和舒适。

中国传统画中的漆黑色

五代 顾闳中　　　　　故宫博物院藏
韩熙载夜宴图（局部）【宋摹本】

漆黑色在家居空间中的运用

1

● C29 M24 Y27 K0　　● C77 M71 Y71 K40
● C44 M43 Y55 K0　　● C65 M75 Y67 K27

作为主角色： 漆黑色极具稳定感，运用在书房中可以强化空间大气与端庄的特征。再用深浓的灰色作为搭配色，整个空间沉浸在一种理性的氛围中。用暖褐色和灰红色点缀，则为沉静的空间带来一丝活跃气息，使空间不至于显得过分严肃。

2

● C36 M32 Y44 K0　　● C33 M38 Y47 K0
● C77 M71 Y71 K40　　● C76 M62 Y71 K24

作为主角色： 书房的配色整体笼罩在漆黑色的色调之中，但由于色彩存在明度变化，因此不会显得无序、寡淡。另外，灰绿色和浅木色都是能有效避免配色过于沉稳的色彩，同时还加强了空间的精致感。

3

● C77 M71 Y71 K40　　● C41 M56 Y76 K0
● C78 M73 Y52 K13

作为背景色： 运用漆黑色做背景色可以营造出深沉的空间氛围。若搭配宝蓝色，可以打破空间的沉寂，凸显出理性感。

4

○ C0 M0 Y0 K0　　● C45 M37 Y35 K0
● C77 M71 Y71 K40　　● C29 M37 Y43 K0

作为背景色： 此空间的配色以白色为基调，营造明亮、简洁的氛围。漆黑色的圆拱形电视墙成为视觉焦点，以凸显现代感。浅灰色的沙发和地毯形成和谐的呼应，营造舒适的休憩环境。浅褐色的单人沙发则为空间增添一丝温暖感。

元青色
C78
M76
Y74
K51

来源： "元青"曾经也被称为"玄青"。清代康熙帝以后，为避讳他的名字爱新觉罗·玄烨中的"玄"，而把"玄青"改为了"元青"。

解析： 元青色即黑青色，是一种在青色里融入大量黑色的颜色。在室内设计中，元青色的运用能够营造出一种古朴而高雅的氛围。它既可以作为空间的背景色，为整个环境奠定沉稳的基调，也可以作为点缀色，用于家具、装饰画或软装饰等细节之处，彰显空间的独特。

中国传统服饰中的元青色

清代　　　　　　　　　　故宫博物院藏
元青绸缀纳纱二方补绣鸳鸯补服

元青色在家居空间中的运用

1

● C78 M76 Y74 K51　○ C0 M0 Y0 K0
● C63 M74 Y71 K28

作为背景色： 元青色的卧室背景墙作为空间的视觉中心，传递出沉静而雅致的空间氛围。棕红色的地毯则为空间注入暖意。白色点缀在空间之中，有着点亮空间以及增强空间简约感的作用。

2

● C78 M76 Y74 K51　● C35 M29 Y25 K0
● C41 M100 Y90 K7

作为主角色： 元青色橱柜占据了厨房的大部分空间，具有稳定配色的作用。厨房地砖的图案为灰色和元青色相间的六边形，在配色上和墙面、橱柜形成呼应，图案则具有放大空间的功效。红色的吧台凳是厨房中最亮丽的一抹色彩，与元青色的碰撞非常惊艳。

3

○ C0 M0 Y0 K0　　　● C78 M76 Y74 K51
● C46 M42 Y44 K0　● C82 M65 Y87 K46
● C20 M70 Y50 K0

作为主角色： 空间配色巧妙融合了白色、元青色、中灰色、墨绿色与玫粉色，营造出既现代又时尚的氛围。其中，白色与元青色构成了经典的色彩对比，中灰色则调和了空间色调，墨绿色和玫粉色则作为点缀色，有着提升空间时尚感的作用。

4

● C78 M76 Y74 K51　● C32 M36 Y30 K0
● C70 M73 Y68 K31　● C78 M34 Y7 K0
● C34 M50 Y61 K0

作为背景色： 将元青色较大面积地应用于餐厅的墙面和顶面，再结合几何形状的造型，增强了空间的现代感。湖蓝色是空间引人注目的点睛之笔，色彩之间的对撞极具张力。

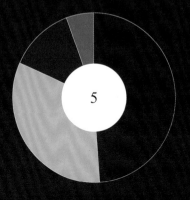

○ C78 M76 Y74 K51　　● C20 M36 Y42 K0
○ C48 M100 Y100 K22　● C63 M56 Y83 K12

作为主角色: 元青色的橱柜作为视觉中心,有着强烈的吸引眼球的作用。但为了避免空间色彩过于沉重,因而用了大量棕色来化解元青色的重量感。再辅以红色和绿色点缀,以增添空间的生机感。

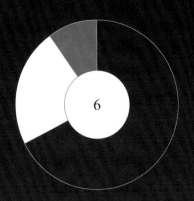

○ C78 M76 Y74 K51　　　● C0 M0 Y0 K0
● C70 M49 Y100 K9

作为背景色: 厨房的配色以元青色为主,带来强烈的视觉冲击,再用不同的材质来丰富元青色的层次,令空间显得更加现代、高级。苍翠欲滴的绿植的加入,则为空间带来生命力。

"金色"在五彩缤纷的色彩世界中是一个特殊的存在。从广义上说，"金"原本是金属五色的统称，所谓"凡有五色，皆谓之金也"。除了金属矿本身的色彩，通过冶金技术加工，金属在被赋予不同功能的同时，也会呈现出不一样的色泽与光亮。

第十章

金色系 吉祥、明艳的富贵之色

田赤色

C17
M16
Y55
K0

来源： 据清代连朗在《绘事琐言》中记载："金有两种：赤金、色金，足者打成；甜赤金，色淡黄，以淡金打成。此皆真金也。" 其中的甜赤亦为"田赤"，是一种拼入银的金，中国传统绘画、雕塑、建筑所用金箔色出自其中。

解析： "田赤"呈淡黄色，又叫冷金，接近收割后小麦的颜色。在室内设计中，田赤色是非常适合作为点缀色的颜色，可以提升空间的品位。

中国传统器物中的田赤色

明代　　　　　　　　台北故宫博物院藏
铜珐琅炉（景泰款）

田赤色在家居空间中的运用

1　○ C0 M0 Y0 K0　　● C17 M15 Y51 K0
　　　● C18 M15 Y18 K0　　● C0 M0 Y0 K100

作为主角色： 白色的装饰线板简洁、明快，与田赤色的装饰柜形成鲜明的色彩对比，营造出高贵而不失清新的空间氛围。法式装饰元素的融入，则更为空间增添了一抹浪漫与精致。

2　○ C0 M0 Y0 K0　　● C16 M26 Y33 K0
　　　● C14 M16 Y58 K0　　● C82 M64 Y29 K0

作为主角色： 白色的背景墙干净明亮，茶褐色的地面稳重而不失雅致。田赤色的吊灯与餐边柜为空间增添了一丝复古风情，而宝蓝色的丝绒餐椅则成为空间的点睛之笔，奢华而不失品位。

3　● C16 M17 Y15 K0　　● C16 M17 Y52 K0
　　　● C14 M18 Y66 K0　　● C0 M0 Y0 K100

作为主角色： 米灰色的背景墙奠定了空间宁静而稳重的基调，田赤色的造型边几则成为空间的视觉焦点，提升了整体空间的奢华感。装饰画中的黄色元素，为空间注入了活力与温暖，使整体空间的配色和谐而富有层次感。

4　● C7 M4 Y30 K0　　● C17 M14 Y9 K0
　　　● C79 M63 Y37 K0　　● C28 M53 Y29 K0
　　　● C16 M18 Y51 K0　　● C49 M36 Y14 K0
　　　● C38 M82 Y87 K2　　● C76 M47 Y70 K4

作为点缀色： 以黄色这种明亮的暖色作为配色中心，再搭配粉色、蓝色、紫色、绿色等色彩来活跃空间氛围。全相型配色关系极具视觉张力。其中，作为点缀色的田赤色大幅提升了空间的精致感。

C0 M0 Y0 K0　　●C0 M0 Y0 K100

●C43 M34 Y40 K0　　●C48 M48 Y53 K0

○C20 M17 Y56 K0

作为点缀色： 大面积的白色奠定了空间的纯净基调，黑色点缀其中，为空间增添了一抹神秘与高雅。田赤色的装饰花瓶更是点睛之笔，提升了空间的品质与档次。

C24 M34 Y43 K0　　　C0 M0 Y0 K0
C17 M13 Y12 K0　　　● C0 M0 Y0 K100
C22 M24 Y54 K0

作为点缀色：将白色和灰色作为墙面背景色，结合浅木色的地柜，营造出柔和、明亮的空间氛围。黑色高柜和吧台椅则起到了稳定配色的作用。然而最能提升空间精致感的元素是田赤色的吊柜，反射的亮光令厨房十分耀眼。

来源： 库金亦称足金，它往往是由98%的纯金和2%的纯银合成，所以库金色是成色好的纯金色，也是中国传统绘画、雕塑、建筑所用的一种金色。

解析： 库金色是一种橙色中微微发红的颜色，适合用于营造奢华、高贵的家居环境。库金色非常适合作为点缀色使用，例如在家具、装饰品、墙面等小面积物品上使用库金色，以增加空间的亮点和层次感。

中国传统器物中的库金色

清代　　　　　　　　故宫博物院藏
金錾花高足托盖白玉碗

库金色在家居空间中的运用

① ○ C0 M0 Y0 K0　　　● C15 M19 Y20 K0
● C73 M61 Y52 K5　● C48 M32 Y30 K0
● C33 M60 Y90 K0

作为点缀色： 白色与蓝色搭配是为空间带来清爽气息的经典手法，加入偏暖的灰褐色，则令空间的清冷感减弱，为客厅注入了一丝温暖感，但柔和的色彩不会影响空间清新感的表达。库金色出现在吊灯等软装之中，用笔不多，却是凸显空间精致感的点睛之笔。

② ● C77 M42 Y85 K3　● C0 M0 Y0 K100
● C27 M22 Y14 K0　● C38 M57 Y85 K0
● C43 M92 Y88 K10

作为点缀色： 在以无彩色系中的色彩为主色的卫生间中，加入绿底带花朵图案的防水壁纸作为装饰，使空间生机盎然。库金色作为点缀色则令空间显得格调高雅。

③ ○ C0 M0 Y0 K0　　　● C73 M66 Y58 K13
● C39 M31 Y33 K0　● C36 M58 Y83 K4

作为点缀色： 以白色与灰色为主色的空间高级又明亮，使人观之舒畅。墙面上的库金色丝绒硬包虽然面积不大，但足够吸引眼球，大大增强了客厅的质感。

吉金色

C52
M66
Y93
K13

来源： 吉金色是一种青铜器合金的颜色，如今吉金色常为钟鼎彝器的统称。在青铜器"吴王光鉴"的铭文中，有这样的记载："吴王光择其吉金，玄矿，白矿，以作叔姬寺吁宗彝荐鉴。"

解析： 吉金色类似黄铜色，是一种具有光泽且富有贵气的金色调，既能彰显出华丽与高贵的气质，也能为空间增添一丝神秘与深邃的氛围。在室内设计中，吉金色的运用可以为空间带来独特的视觉效果和装饰效果。

中国传统器物中的吉金色

汉代
瑞兽镇

台北故宫博物院藏

吉金色在家居空间中的运用

① ● C45 M61 Y96 K17　● C0 M0 Y0 K100
● C51 M88 Y100 K28

作为背景色： 吉金色的壁纸以仙鹤装饰图案为点缀，典雅而高贵；绛红色的餐椅与顶面相互呼应，营造出浓厚的中式氛围；地面中的黑色则起到稳定空间配色的作用。

② ● C78 M75 Y68 K41　● C49 M62 Y91 K13
○ C0 M0 Y0 K0

作为主角色： 玄关墙面巧妙地运用了水墨画样式的石材铺设，虽然色彩沉郁，但具有明暗变化，不会显得生硬、死板。搭配吉金色，在一定程度上减弱了大面积黑色带来的压迫感。

③ ● C32 M29 Y32 K0　● C52 M66 Y93 K13
● C67 M54 Y95 K13　● C47 M51 Y62 K0

作为主角色： 大理石装饰墙以其天然的纹理和色泽为空间奠定了优雅基调，吉金色的造型装饰柜则成为视觉焦点，彰显空间的奢华与高贵。

④ ○ C0 M0 Y0 K0　　　● C54 M64 Y75 K10
● C51 M65 Y90 K10　● C66 M87 Y89 K60
● C70 M58 Y87 K21

作为点缀色： 座椅中的熟褐色虽然占比不大，但作为空间中最重的色彩，为空间增添了几分沉稳感，再用白色墙面作为背景，采用的是经久不衰的温暖配色思路。在这样质朴、平和的氛围中，加入精致感极强的吉金色的墙面装饰，可以为空间增添几分现代色彩，也在视觉感受上营造出悦动的感官体验。

附录1：色彩的基础常识

一、色彩的四种角色

　　家居空间中的色彩，既体现在墙面、地面、顶面，也体现在门窗、家具之上，窗帘、装饰品等软装的色彩也不容忽视。这些色彩扮演着不同角色，在家居配色中，了解色彩的角色并合理区分，是成功配色的基础之一。另外，在同一个空间，色彩与其扮演的角色并不是一一对应的，如客厅中顶面、墙面和地面的颜色常常是不同的，但都属于背景色。一个主角色通常需要很多配角色来陪衬，协调好各种色彩之间的关系也是进行家居配色时需要考虑的。

色彩占比

主角色为居室主体色彩（占比约为20%）。

用法体现

主角色通常为大件家具、装饰织物等的色彩，是空间配色的中心。

色彩特点

主角色不是绝对性的，不同空间的主角色有所不同，如客厅的主角色是沙发的色彩，餐厅的主角色可以是餐桌的色彩，也可以是餐椅的色彩，而卧室的主角色是床的色彩。

配角色

视觉重要性和面积次
于主角色

15%

色彩占比　配角色常陪衬主角色（占比约为 15%）。

用法体现　配角色通常为小家具，如茶几、床头柜等的色彩，使主角色更突出。

色彩特点　若配角色与主角色呈现出对比关系，则显得主角色更为鲜明、突出；若与主角色相近，则使空间显得松弛。

背景色

决定空间整体配色印象的重要角色

色彩占比　背景色为占据空间中最大比例的色彩（占比约为 60%）。

用法体现　背景色通常为家居中的墙面、地面、顶面、门窗、地毯等大面积的色彩。

色彩特点　一般会采用比较柔和的淡雅色调，给人舒适感，若追求活跃感或华丽感，则使用浓郁的背景色。

点缀色

灵活、多样，极具变化

5%

色彩占比　点缀色为居室中最易变化的小面积色彩（占比约为 5%）。

用法体现　点缀色通常为工艺品、靠枕、装饰画等装饰品的色彩。

色彩特点　点缀色通常选择与所依靠的主体具有对比感的色彩，来制造生动的视觉效果。若主体氛围足够活跃，为追求稳定感，点缀色也可与主体颜色相近。

　附录 1：色彩的基础常识

二、色相型的九种配色技法

在配色设计时，通常会采用两到三种颜色进行搭配，这种使用色相组合进行配色的方式称为色相型配色。色相不同，配色效果也不同，一般可以分为开放和闭锁两种类型。闭锁型的色相型配色用在家居中能营造出平和的氛围。开放型的色相型配色中，颜色数量越多，营造的氛围越自由、活泼。

对比色配色： 对比色在色相环中相距 120° 左右，在视觉上互相冲突，不易调和，但容易形成视觉张力。

对比色

120°
对比色

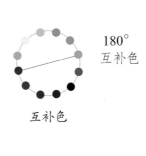

180°
互补色

互补色配色： 互补色在色相环中相距 180° 左右，即处于色相环的直径两端。互补色配色的色彩距离最远，色相对比最强烈。

互补色

提示：在实际应用时，当一组互补色放置在一起时，为了突出对比效果，常需要强调其中一种颜色，使其起支配作用，而弱化另一种颜色，令其处于从属地位。另外，如果把两种颜色的纯度都设置得高一些，那么两种颜色会互相衬托，展现出充满刺激性的艳丽色彩形象。若想要降低配色带来的视觉冲击感，则可以适当降低两种颜色的纯度。

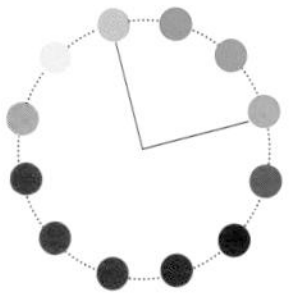

中差色配色：中差色在色相环中相距 90°
左右，色相差异较为显著，如两种原色或两
种间色之间的差异就较为显著。

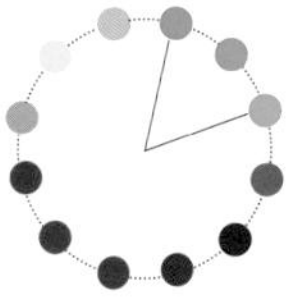

中差色

90°
中差色

60°
邻近色

邻近色配色：邻近色在色相环中相距 45°～
60°，色彩之间既有差异又有联系。邻近色配
色可在整体上产生既有变化又具有统一性的
色彩魅力。

邻近色

提示：在实际运用中邻近色容易搭配且具有很强的情感表现
力。但若要让画面更丰富，则需调整明度和纯度，从而加强
对比。

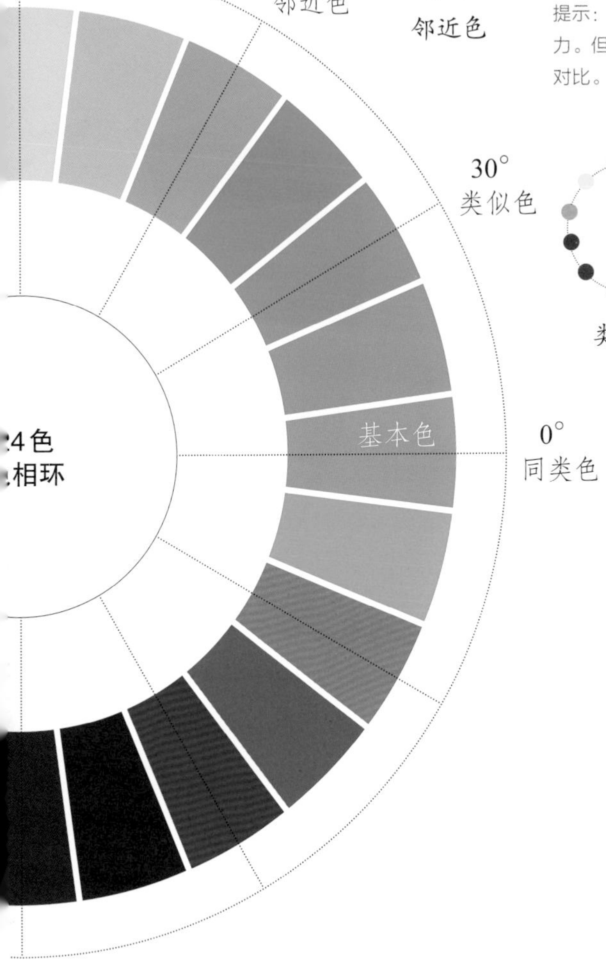

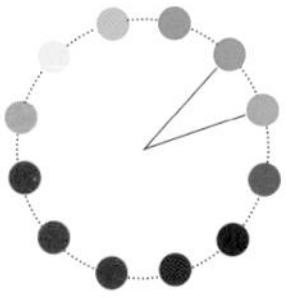

30°
类似色

类似色配色：类似色在色相
环中相距 15°～30°，类似色
配色是色相比较类似但有一
定差异的配色。

类似色

提示：由于色相之间有轻微的差异，
视觉层次显得更为丰富。

4色
相环

基本色

0°
同类色

同类色

同类色配色：同类色在色相环中相距 0°，
属于同一色相，但明度与纯度不同。同
类色较难区分，其色相具有同一性。

提示：同类色配色虽然没有形成色彩层次，但形成了
明暗层次，可以通过加大明度差异来增强层次感。

附录 1：色彩的基础常识

三角型配色： 色相环上呈三角形排布的色彩搭配就是三角型配色。最具代表性的是三原色组合，其具有强烈的动感，三间色组合则温和一些。

三角型配色

提示：在进行三角型色相搭配创作时，可以选取色相环上位于三角形上的三个颜色，令其中一种颜色为纯色，对另外两种颜色进行明度或纯度上的调整。这样的组合既能够减弱配色的刺激感，又能够丰富配色的层次。如果是对比强烈的纯色组合，最恰当的方式是将其作为点缀色使用，大面积的颜色对比比较适合表达前卫、个性的设计诉求。

常用三角型色相对比

品红	黄	青

绿	蓝	红

四角型配色： 将两组同类型或互补型配色进行搭配，就属于四角型配色。它能够营造醒目、安定、有紧凑感的家居环境，比三角型配色更开放、更活跃。

四角型配色

提示：若采用软装点缀或本身包含四角型配色的软装，则更易获得舒适的视觉效果。

常用四角型色相对比

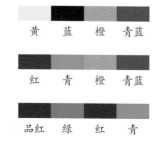

红	青	黄	蓝

黄	蓝	橙	青蓝

品红	绿	黄	蓝

红	青	橙	青蓝

黄	蓝	品红	绿

品红	绿	红	青

全相型配色

全相型配色：全相型配色是指无偏颇地使用全部色相进行搭配的类型，通常使用五种或六种色彩，属于开放型配色，非常华丽。

提示：配色时需注意平衡，如冷色或暖色中的其中一类色彩不宜选取过多。

常用五色全相型色相对比

品红	红	黄	绿	青

品红	红	黄	绿	蓝

红	黄	绿	青	蓝

常用六色全相型色相对比

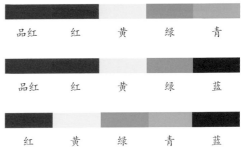

品红	红	黄	绿	青	蓝

附录2：色彩搭配方案集锦

红色系

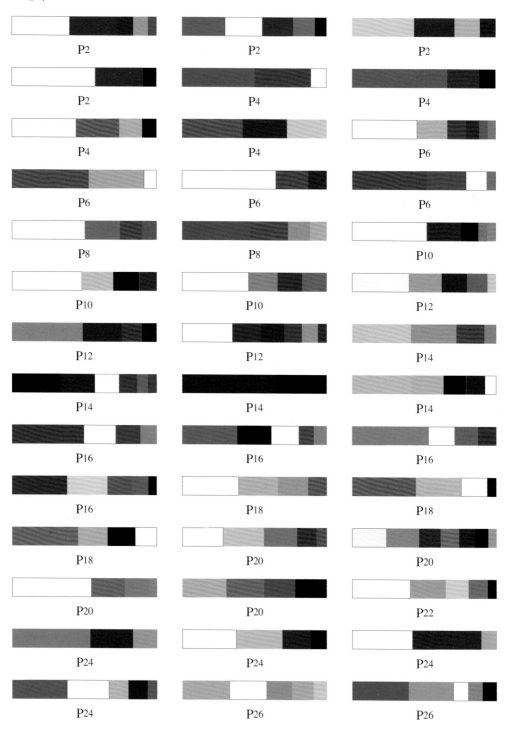

P2	P2	P2
P2	P4	P4
P4	P4	P6
P6	P6	P6
P8	P8	P10
P10	P10	P12
P12	P12	P14
P14	P14	P14
P16	P16	P16
P16	P18	P18
P18	P20	P20
P20	P20	P22
P24	P24	P24
P24	P26	P26

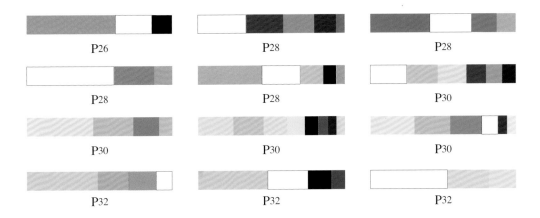

P26　　　　　P28　　　　　P28

P28　　　　　P28　　　　　P30

P30　　　　　P30　　　　　P30

P32　　　　　P32　　　　　P32

橙色系

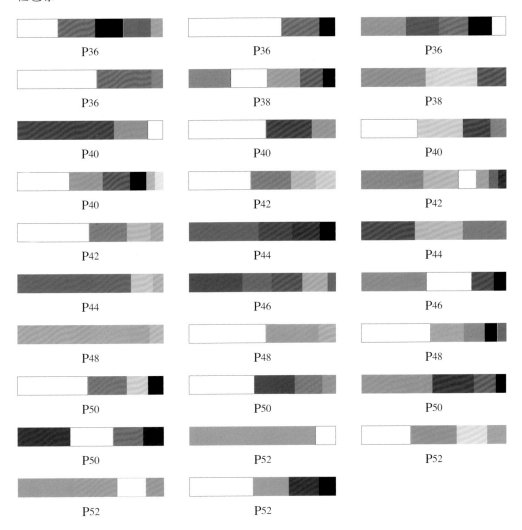

P36　　　　　P36　　　　　P36

P36　　　　　P38　　　　　P38

P40　　　　　P40　　　　　P40

P40　　　　　P42　　　　　P42

P42　　　　　P44　　　　　P44

P44　　　　　P46　　　　　P46

P48　　　　　P48　　　　　P48

P50　　　　　P50　　　　　P50

P50　　　　　P52　　　　　P52

P52　　　　　P52

黄色系

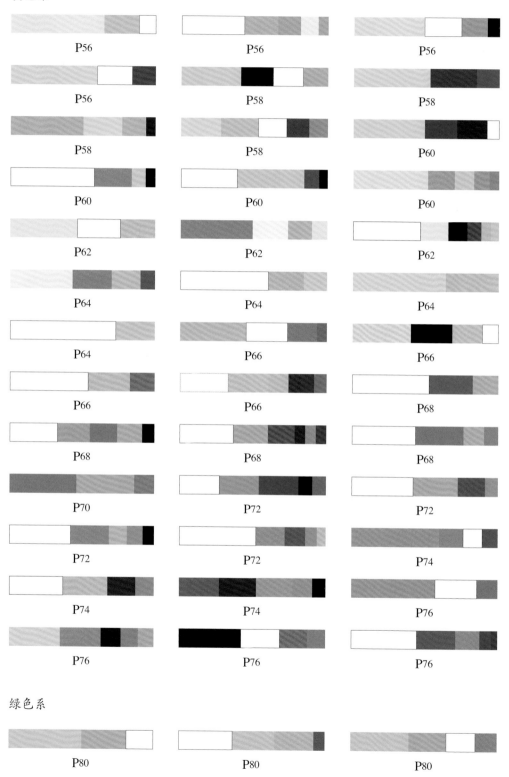

P56

P56

P56

P56

P58

P58

P58

P58

P60

P60

P60

P60

P62

P62

P62

P64

P64

P64

P64

P66

P66

P66

P66

P68

P68

P68

P68

P70

P72

P72

P72

P72

P74

P74

P74

P76

P76

P76

P76

绿色系

P80

P80

P80

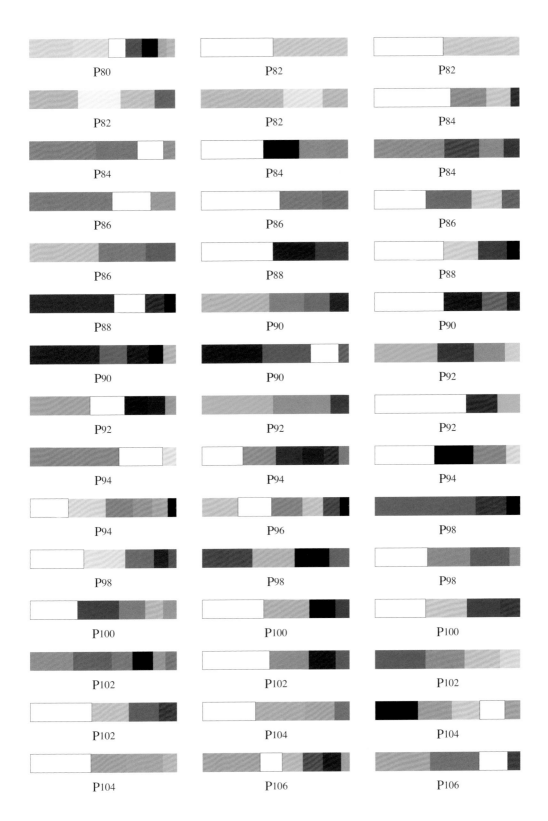

P80

P82

P82

P82

P82

P84

P84

P84

P84

P86

P86

P86

P86

P88

P88

P88

P90

P90

P90

P90

P92

P92

P92

P92

P94

P94

P94

P94

P96

P98

P98

P98

P98

P100

P100

P100

P102

P102

P102

P102

P104

P104

P104

P106

P106

附录 2: 色彩搭配方案集锦

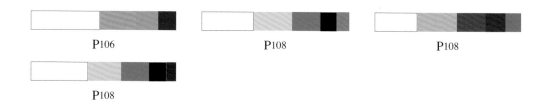

P106

P108

P108

P108

蓝色系

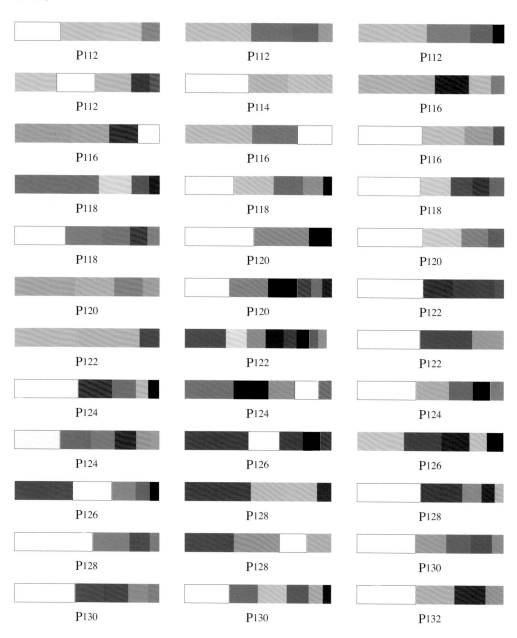

P112

P112

P112

P112

P114

P116

P116

P116

P116

P118

P118

P118

P118

P120

P120

P120

P120

P122

P122

P122

P122

P124

P124

P124

P124

P126

P126

P126

P128

P128

P128

P128

P130

P130

P130

P130

P132

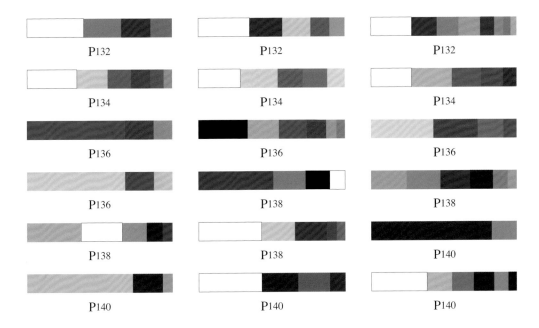

P132　　　P132　　　P132

P134　　　P134　　　P134

P136　　　P136　　　P136

P136　　　P138　　　P138

P138　　　P138　　　P140

P140　　　P140　　　P140

紫色系

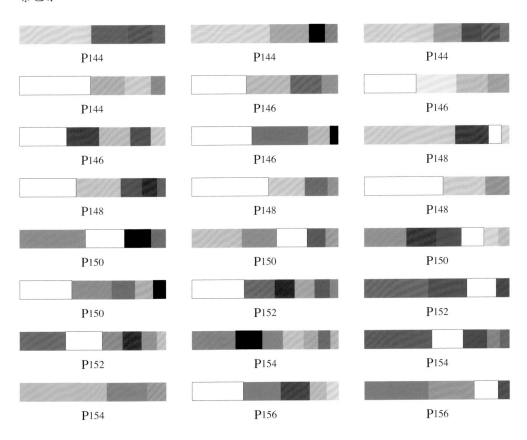

P144　　　P144　　　P144

P144　　　P146　　　P146

P146　　　P146　　　P148

P148　　　P148　　　P148

P150　　　P150　　　P150

P150　　　P152　　　P152

P152　　　P154　　　P154

P154　　　P156　　　P156

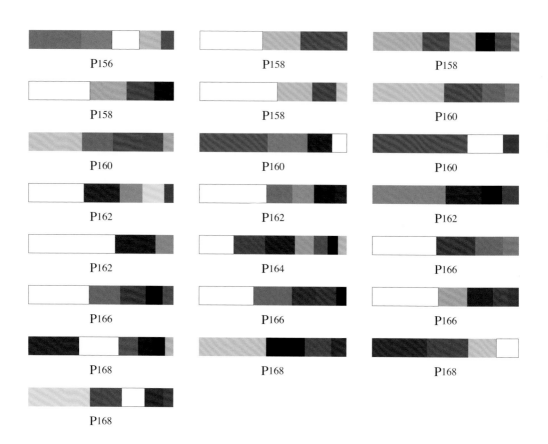

P156

P158

P158

P158

P158

P160

P160

P160

P160

P162

P162

P162

P162

P164

P166

P166

P166

P166

P168

P168

P168

P168

褐色系

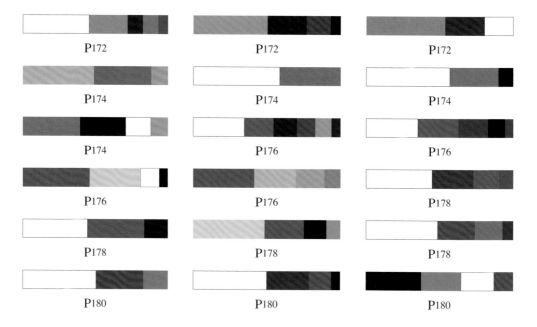

P172

P172

P172

P174

P174

P174

P174

P176

P176

P176

P176

P178

P178

P178

P178

P180

P180

P180

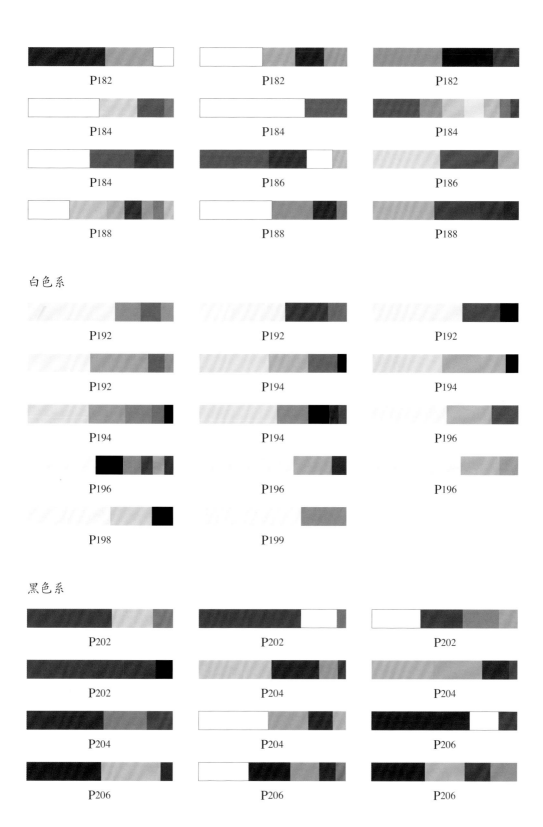

P182

P182

P182

P184

P184

P184

P184

P186

P186

P188

P188

P188

白色系

P192

P192

P192

P192

P194

P194

P194

P194

P196

P196

P196

P196

P198

P199

黑色系

P202

P202

P202

P202

P204

P204

P204

P204

P206

P206

P206

P206

附录 2：色彩搭配方案集锦

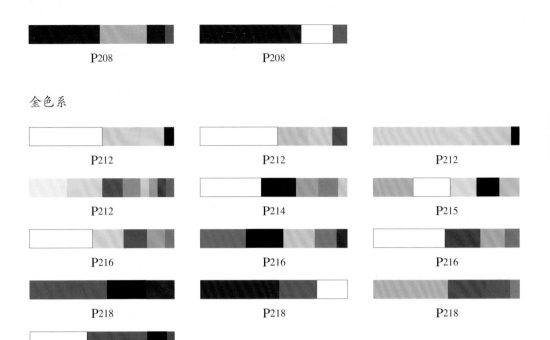

P208

P208

金色系

P212

P212

P212

P212

P214

P215

P216

P216

P216

P218

P218

P218

P218